大腦不思議

圖說腦科學發展的神奇時刻

汪漢澄——著
宋明憲——繪

目次

006 領銜推薦——進入腦科學殿堂的最佳指引・侯勝茂

008 作者自序——前往大腦的導覽圖

013 腦的身價
腦的無窮寶庫，才剛剛開始向我們打開。

029 腦細胞的頂尖對決
腦中各個細胞彼此之間究竟如何密切聯繫溝通？

045 火花、湯與夢
腦中神經傳導物質的發現闡明以至於臨床運用，是腦科學最重大的成就之一。

065 大腦地圖
大腦地圖觸及了「心靈」的本質問題。

081
額葉傳奇
腦是人們靈魂的所在，前額葉正是這靈魂的君王。

095
聽大腦說話
心智活動並非僅限於大腦一區一區的個別動作，而是藉由不同區域的活動互相串連。

113
自我的證明——記憶
大腦才是我們的本體，而我們用記憶來定義自己。

131
看見與看懂
視覺認知分成兩個層次：一個是知覺（形態），另一個是聯想（意義）。

155
大腦的以假亂真
我們所看到的不是「物體」，而是大腦對物體的解釋；我們聽到的也不是「聲音」，而是大腦對聲音的轉譯。

173
大腦的兩個靈魂
兩邊的大腦半球不是一個大腦的兩部分，根本就是兩個大腦！

197
被附身的手
人對自己肢體的「擁有感」竟非天經地義，顛撲不破？

213
感情的腦科學
感情跟記憶或語言一樣都是腦功能的一種，在大腦裡面有專屬的特定位置與生理機制。

231
我們與癮的距離
「成癮」並非是單純的行為模式或心理變化，而是真正的大腦質變。

249
繆思女神的科學
創意能被測量嗎？

267
看不見的肢體
人腦的細胞雖然不能復活增生，但卻有著靈活的「重組」與「地圖重繪」功能。

283
重塑大腦
大腦的可塑性並不只發生在幼年的發育期，而是明顯持續到成年以後。

307
讀後大推
吳逸如、吳瑞美、巫錫霖、林祖功、林靜嫺、邱銘章、洪惠風、栗光、張尚文、許維志、郭鐘金、陳柔賢、黃明燦、劉子洋、蔣漢琳、羅榮昇
（依姓名筆畫數排序）

領銜推薦

進入腦科學殿堂的最佳指引

新光吳火獅紀念醫院．院長　侯勝茂

去年，汪漢澄醫師出版了他的作品《醫療不思議》，大受歡迎。每次在醫院遇見他，我都會聊聊閱讀他大作的感想，並鼓勵他再接再厲，寫出一本又一本的好書。我一直很期待能再看到他的新書，所以當汪醫師拿了這本《大腦不思議——圖說腦科學發展的神奇時刻》的新書稿再度請我作序時，真的感到非常驚喜。

汪漢澄醫師的前一本書，分享了許許多多與醫學相關的歷史人文典故以及軼聞趣事，而這一本書則更貼近他本人的專業——神經醫學以及神經科學。神經科，尤其是與大腦有關的學問，我們學醫的人無不覺得神祕而又迷人：覺得神祕是因為大腦的生理與病理機制很艱深，如果不是經過多年全心鑽研，難以窺其堂奧；覺得迷人則是因為每個人都有一個大腦，這大腦掌管著我們的全部智能、思維與情感，了解大腦就是了解自己。

人們對大腦的了解，跟其他所有醫學與科學的領域一樣，都是經過無數前人世代累積的天才創意以及持續努力，才形成今天的樣貌。可以說今天每一位學習並運用醫學的人，都是站在巨人的肩膀之上。汪醫師這本《大腦不思議》發掘整理了腦科學發展史上那些特別關鍵的人物、時刻與事件，用親切風趣的筆調娓娓道來，非常難得，這些都是非常重要卻不容易從教科書或一般科普著作中看得到的知識。但讀者們藉著閱讀汪漢澄醫師這本書，卻能輕鬆愉快地步入腦科學的殿堂，悠遊其中的迷人勝境。汪醫師再度為醫學界以及所有對大腦有興趣的讀者帶來一本寓教於樂的重要書籍。

本書各章節往往從某種實際發生過的腦部疾病或症狀，或某位真實人物的故事出發，上下古今帶出與之相關的腦科學的重要知識，以及腦科學發展的清晰脈絡，讀來十分有趣動人。讀完之後不僅感到意猶未盡，同時還不知不覺對大腦有了相當程度的認識。因此我想向所有對神祕迷人的大腦有興趣的醫療工作者、科學家、醫學生以及一般民眾大力推薦，好好品味這本好書，一定也會像我一樣樂在其中而又回味無窮。

除了充滿有益有趣的腦科學知識與故事之外，書中尚有大量的手繪插畫，與精彩的文字相得益彰，不但有助於讀者的了解，也大大增加了閱讀的趣味性。這些精緻的插畫，出自同為本院神經科的宋明憲醫師之手，顯示新光醫院真的是人才濟濟，本人感覺分外欣慰，與有榮焉。

作者自序

前往大腦的導覽圖

醫學是不是一門科學？我認為嚴格說起來不算。為什麼呢？因為科學只講證據，任何說法、想法都必須經過反覆的實驗驗證，沒有模糊的空間。而醫學裡「猜測」的成分不少，我們經常要在沒有確鑿科學數據的情況下，主觀去判斷病人的身體出了什麼問題、要怎麼治療。所以與其說醫學是一門科學，不如說是一種「猜測的藝術」。雖然醫學本身不算純科學，但唯有以嚴謹的科學作為基礎的醫學才會是有價值、有效果的醫學。在我看來，醫學從古到今的演化，不外是由沒有根據的亂猜，進化到有科學作後盾的「有根據的猜測」（educated guess）的過程罷了。

最神祕又最迷人的大腦，也許是從古到今「被猜測」得最多的器官。人本能地就會為大腦著迷，想要知道關於它的一切。就像福爾摩斯對華生所說：「我就是一個腦，華生，我的其他部分都只不過是腦的附屬品而已。」大腦才是我們的本體，認識大腦就是認識自己。而恰恰就是這個「自己」受到過最多的誤會，被探索過最久，直到今天也沒能被我們看得一清二楚。蘇東坡說：「不識廬山真面目，只緣身在此山中。」就是在講這樣的情況吧？

為什麼「看」、「看見」與「看懂」是三件不同的事？為什麼「我的手」不見得是「我的」手？為什麼我們不能控制感情？我們真的有能力分辨實相與幻覺嗎？什麼都記不住的人過的是怎樣的生活？個性與人格是理所當然的嗎？人的兩半大腦裝著兩個不同的靈魂嗎？創意來自大腦的哪裡？大腦是如何重塑自己？凡此種種，都是讓人著迷卻又充滿挑戰的問題，也是想要真正了解自己的人類必須探究的問題。

我們不敢說已經解答了上述這些問題，實際的情況可能是：我們將要尋求的答案比已經知道的答案還要多得多。但有一點可以確定：這個「自己」的輪廓，在過去的數百年間已然慢慢浮現。人對大腦的定位與理解，隨著歷史有著劇烈的變化，今天關於大腦的一切知識並不是理所當然就能獲取，而是經過了漫長時間，經由諸多腦科學家的創意、苦思、研究與實踐累積而成，並且仍然還在以加速度變化之中。理解當今的大腦知識就足以讓人興奮莫名，但若還同時知道這些知識是如何演變成今天的樣子，更能得到另一個層次的滿足。知識的累積需要漫長的歲月，個人短暫的人生只是其中的斷面，然而時間的維度能帶來立體的視野。

本書的目的不在於敘述完整的腦科學史，那不可能做到；本書的目的也不在於讓讀者詳細了解大腦，那有大批的專業書籍可以參考。本書的目的是讓讀者看見，在腦科學發展的漫長歲月裡，解答前述大腦祕密的過程中，出現的那些特別閃耀動人的人物與時刻。這些人物與時刻，像在漫漫長夜的漆黑天空中綻放的陣陣煙火，雖然短暫，卻在瞬間照亮了世界，讓我們看見世上不全然是黑暗，知道前方、後方仍有路途。由於篇幅所限，本書所能探索的範圍，在整個腦科學的龐大天地中只能算是以管窺天，但希望能藉著這些頗具代表性的黃金時刻，畫出前往大腦的通幽曲徑，提供讀者一張導覽地圖，走進那神祕又迷人的大腦花園。

我的同科好友宋明憲醫師，其漂亮傳神的畫技在前一本書《醫療不思議》中有充分的展現，這次我們再度合作。本書的配圖量大而且必要，可以大大增進讀者對書中內容的理解。加上畫風幽默又傳神，本身就是一道道風景，且與文字內容形成有機的融合，所以副標題訂為「圖說腦科學發展的神奇時刻」。希望讀者在閱讀時，也好好享受難得的醫師畫家的美妙作品。

本書的成書來自許多方面的動力與助力：方寸文創的老闆顏少鵬先生很早就與我接觸，討論寫出類似這樣一本書的可能。當時我的第一本書尚未出版，沒有任何市場效益可供參考，並且對這本書要寫些什麼也僅有模糊的概念而已。少鵬兄本諸理想與熱誠，對我完全的信任，這給我很大的激勵，覺得必須要寫出一本稱得上「重要」的著作方能不負所托。本院的侯勝茂院長長期以來一直都十分鼓勵我寫作，《醫療不思議》出版之後，侯院長再三謬讚，將它推介給許多人，而後經常耳提面命，希望我再接再厲，繼續出版。這更讓我不敢掉以輕心，除了寫作進度之外，在內容品質上更是特別注意，希望能符合期待。其他諸多親朋好友與同事們，對我前作的回饋指教以及平常的公私討論都給我很大的啟發，在此也一併致謝。

腦的身價

腦的無窮寶庫，

才剛剛開始向我們打開。

將近五千年前的一個深夜，尼羅河畔的宮殿中，幽暗閃爍的油燈之下，小學徒正跟著師父，處理一具貴族的遺體。

師父小心翼翼把手中的盤子遞給學徒，說：「你千萬拿好，這是王子的心臟，小心地放到那個罐裡，照我教你的封好。要是搞壞了被人家看到，我們恐怕性命不保。」

小學徒不是第一次聽到師父說這樣的話，卻還是忍不住問道：「剛剛的肺、肝、腸、胃，師父處理起來也很小心，可是只有對於心臟，您每次都會一再交代，為什麼呢？」

師父說：「唉，傻孩子，其他那些內臟，死者復活時還要用，當然也很重要。但是只有這顆心臟，決定死者能不能復活啊！你聽好：你死了以後，就會見到偉大的安那帕（死亡之神），安那帕將會拿了你的心臟，與瑪阿特（真理和正義之神）的羽毛放在天平的兩端比重，而唯有當你的心臟沒有因為浸染了罪而變得比羽毛重，你才能得到永生。懂了嗎？心臟是我們的靈魂所在，人身最重要的東西。你說，是不是該特別小心處理？」

小學徒仰望師父，心中洋溢著孺慕與敬愛。他暗暗下定決心，要將自己的一生都用來精進處理遺體的能力。如果阿圖姆（創世之神）垂憐，自己能活到像師

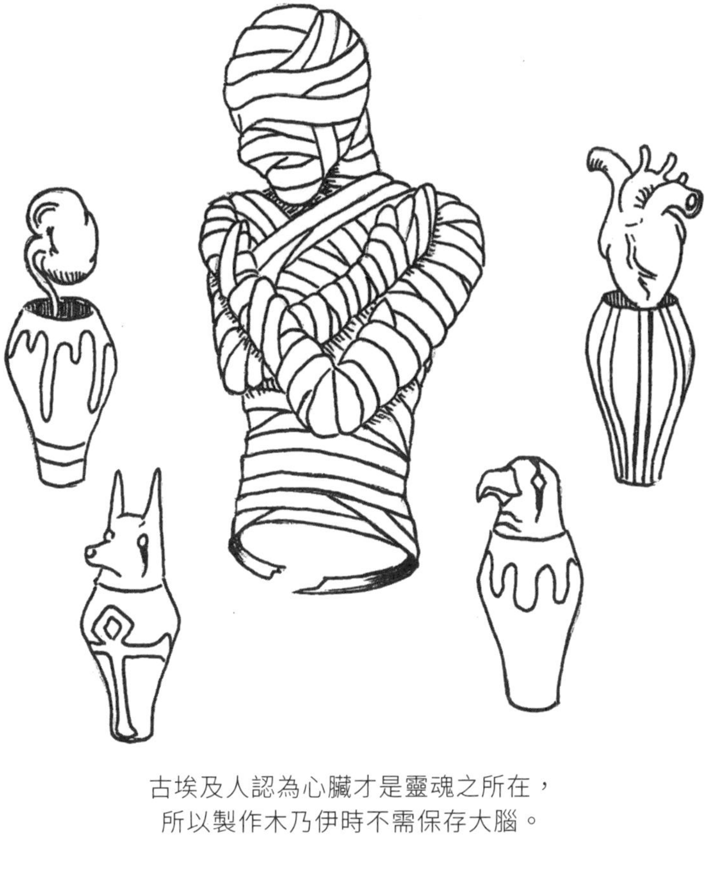

古埃及人認為心臟才是靈魂之所在，
所以製作木乃伊時不需保存大腦。

父那樣四十歲的高壽，說不定也有機會變成和師父一樣充滿智慧。

小學徒回頭一看，忽然注意到剛剛他們用管子穿入王子的鼻腔，抽出來一堆灰灰白白黏黏的東西，還散落在地上。於是開口問師父：「師父，那這些呢？這些要放哪個罐子？」

師父瞥了一眼，說：「喔，那個，那個是腦，腦對人沒有用處，不用裝罐，你清一清，丟垃圾桶就好。」

沒有用的腦子

現代人可能不容易想像，腦的身價在人類歷史上浮動得很厲害。基本來說，在人類文字史的最初好幾千年當中，腦子不值什麼錢。

人類很早就開始思索，除了這個看得見、摸得著的肉體之外，是不是還有個看不見、摸不著的東西，在掌管我們的感覺，左右我們的判斷，指引我們的行為？人們有時候稱呼它「靈魂」，有時候稱呼它「心智」，不過不管怎麼稱呼，對它的所在位置總是沒有一致的見解。大多數古文明都把它放在心臟，比如古埃及人就把心臟當作是人的本質以及善惡之所在，卻認為腦子是沒有用的器官。

古希臘文明對心臟與腦的地位，也與古埃及持著類似看法，很自然就把心臟當成了心靈棲息之所。當然，每個時代的不同文明中，都會有獨立思考的能人出現。例如西元前五世紀的希臘哲學家阿克米安（Alcmaeon），就說腦才是人體感覺與思想的中心，他甚至正確認識到，光線進入眼球之後，是經過視神經傳達到腦部。只是，「眾人皆醉他獨醒」，阿克米安的想法明顯與同時代所有思想家的看法牴觸，所以一直都沒有受到該有的重視。

西元前四世紀，希臘出了大哲學家亞里士多德（Aristotle）。亞里士多德的影響力極大，被認為是「西方哲學之父」，所以他的許多想法不管對與不對，都成為了其後多年西方思想的主流，並被視為真理。亞里士多德承襲了前人的觀念，認為智能之所在是心臟。至於腦，他倒是給它編派了一個任務，說腦子是「防止心臟過熱的散熱器」。換句話說，人的心臟是高性能的電腦，大腦只是它的風扇而已。

無巧不成書，古中國人還沒有接觸到西方思想，對這個題目的想法卻跟西方人差不多。先秦以至於漢代正統的哲學系統中，「心」才是掌管人的感情以及思想的主角，「腦」則很少被提及。漢代以後，《黃帝內經》問世，它更以其醫學權威的地位，把心的功用定了調。其中像「心者，君主之官也，神明出焉」、「心者，生之本，神之變也」、「心者，五藏六府之大主也，精神之所舍也」等等主張，都明確把思想、感情、記憶等等放到了心，對於腦反而極少去關注。

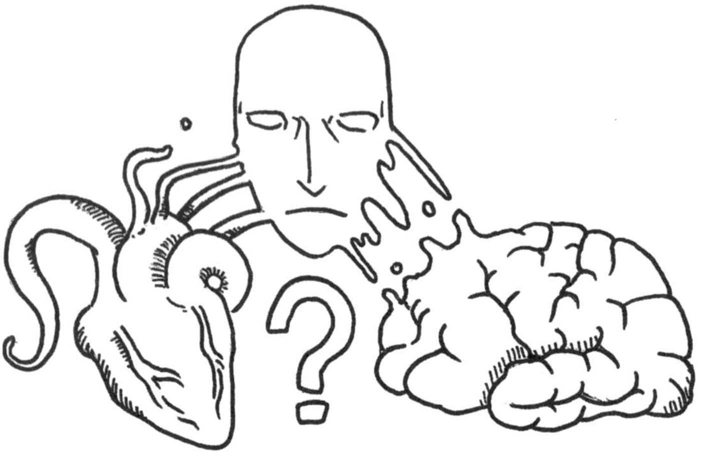

在人類歷史的絕大多數時期，
人們認為思想的位置在心而不在腦。

我們可以這樣說，古代的西方哲學家與中國哲人們，雖然相隔萬里，互不知覺，卻有著基本上一致的想法，就是心才是人類的靈魂之主，而腦不太需要討論。

平心而論，在科學不昌明的中西古代，產生這樣的看法相當可以理解。古人觀察到人的心臟停止跳動會造成生命喪失，而生命喪失也必然伴隨著思維活動的停止。此外，人在有思慮、情緒激動時，心臟跳動會隨之加速，甚至引發「心痛」、「心酸」、「心寒」等等的生理感覺，很自然地就會認為心臟必然掌管著心智與精神的狀態了。

還有一個原因，就是在那個時代，人們並不習慣從肉體與器官的「形而下」角度，去考慮諸如思想、意志這類「形而上」的事物。因此，他們即使認為心臟是思想的器官，卻又把「思想的器官」與「思想的本質」劃分為二。也就是說，他們雖然認為心臟是思考的工具載體，但是思想的本質，卻是遠超乎人體器官的層次，理應是一種無法觀察掌握，比肉體要玄乎得多的東西。

劃時代的創見與故老相傳的局限

在亞里士多德的暮年，偉大的希臘馬其頓亞歷山大大帝（Alexander the Great）揮軍東征，以破竹之勢，為希臘建立了橫亙歐亞，前所未有的龐大帝國。亞歷山大

※希洛菲勒斯（Herophilus），西元前335–西元前280，古希臘醫師，最早的解剖學家。
※伊拉西斯托特斯（Erasistratus），西元前304–西元前250，古希臘醫師，對人體的腦部有深入研究。

征服埃及之後，為埃及留下了不起的城市亞歷山卓（Alexandria）。亞歷山卓原本僅是埃及不起眼的海港，亞歷山大為它帶來了大量圖書與人才資源，使得亞歷山卓很快就發展成為希臘在東方的文化中心。西元前四世紀末到三世紀的前半，亞歷山卓城聚集了大量優秀的醫師以及學者，發表了許多對人體以及醫療的創見。可以說，當時是西方醫學的一段黃金年代。

當時的亞歷山卓，出現了兩位劃時代的大醫師，名為希洛菲勒斯與伊拉西斯托特斯。他們兩位是醫學史上最早解剖人體，並且有系統地將人體構造與其他動物的構造相比較的人。換言之，他們是最先真正探索人體的各個器官，並且把各種生理功能從形而上的玄虛之境拉下，歸位到人體本身的先驅，因此被後世尊為「解剖學之父」與「生理學之父」。他們實際研究人體之後很快就發現，從遠古以迄於亞里士多德的人體觀念，必須要大大修正。他們認為心臟其實只是一個幫浦，而人的靈魂以及智能其實位在腦部，尤其是腦之中的腦室。他們甚至藉由細膩的觀察，

希洛菲勒斯（左）與伊拉西斯托特斯（右）。（木刻版畫局部，1532年）

※蓋倫（Galen），129–216，古羅馬醫學家及哲學家，一直到16世紀都是歐洲醫學領域的權威。

正確辨別出來往於腦部與脊髓間的「感覺」與「運動」這兩套神經系統。

接下來進入了羅馬帝國時代。整個羅馬帝國的醫師學者當中，最有影響力的是蓋倫。蓋倫是天才且全才式的醫師兼哲學家，他以一人之力創立了解剖學、外科學、內科學、藥理學、病理學、生理學以及神經學等系統學門，獨領其後西方醫學的風騷達千餘年之久。蓋倫對於腦的看法，基本上承襲了希洛菲勒斯與伊拉西斯托特斯，認為記憶、感情、感官與認知功能皆位於腦室之中。

蓋倫眼中的「腦的身價」，雖然比起之前已經高了不少，但他對腦與心智的本質還是有誤解。因為蓋倫對人體奧祕的理解，均來自於古希臘一脈相承的「體液學說」：人體是由四種體液構成——血液、黏液、黃膽汁和黑膽汁，這四種體液分別對應到四種元素與四種氣質，致使蓋倫對腦子功用的演繹出現很大的問題。蓋倫認為腦子就是含有血液、黏液、黃膽汁和黑膽汁這四種體液的腺體器官，而它們的平衡方式，決定了這個人的人格特質。例如一個人腦中的黑膽汁過多，就會使這人的性格偏向憂鬱；而若是血液過多，則會使這人過度樂觀。當然，這是因為蓋倫與他同時代的其他醫學家一樣，寧願相信古來口耳相傳的哲學思維，卻沒有意願把人的腦子實際打開來研究一下。

宗教的鉗制與解放

西元五世紀末，西羅馬帝國滅亡，歐洲開始了長達千年的「中世紀」，又稱為「黑暗時代」。若說在這一千年裡西方世界全然黑暗，並不正確，因為整體來說，文明的各個層面都還在發展進步，然而其步調大幅減緩甚至偶有退化，則是不爭的事實。造成這種歷史軌跡變化的原因有二：一是戰亂，二是宗教。當時歐洲各處戰爭不斷，使得傳承自希臘、羅馬古文明的「古典文化」，包括知識與思想風氣都大幅度衰敗亡佚。但是，導致包括腦科學在內的科學思想與科學研究停滯的最主要原因，卻是宗教。

中世紀的基督教教會，勢力龐大到淩駕於國家之上。而基督教的信仰，在本質上與科學研究是相衝突的。教會認定的真理，是人的靈魂與肉體為二元而彼此獨立，靈魂不滅，而肉體則只是不重要的工具。若是對肉體，尤其是對腦部進行科學研究，無可避免將會發現這種看法相當可疑。上面提過，早在羅馬時代，醫師學者已經提出，人的思想、感受、認知、性格，甚至道德意識，皆位於腦部。若是一般人也普遍接受了這個「身心一體」的概念，獨立的靈魂觀念就會站不住腳了，人們難免會開始懷疑，教會所宣稱的獨立靈魂，會不會只是幻想而已？

※安德雷亞斯・維薩里（Andreas Vesalius），1514–1564，是近代人體解剖學的開創者。

正因為如此，對教會而言，過度研究人體是非常危險的行為。任何試圖用機械原理或自然力來解釋人類本質的行為，都是對神權的褻瀆。所以，在整個中世紀裡，人體解剖完全被教會禁止，人們對腦的認識當然也就完全停滯。在腦部疾病的處理方面，當時大多正規醫師兼有神職，雖然會執行一般的治療，卻非常小心地避開對腦部功能的解釋。而那時僅有的腦醫學，就是由一些遊走在鄉間的理髮師外科醫生（barber surgeon）所執行，他們在病患的顱骨上鑽洞，聲稱能夠移除「愚人之石」（fool's stone），讓人變得神志清明。

十六世紀擺脫了黑暗時代，迎來文藝復興。當時出現了劃時代的解剖學家兼醫師維薩里，他實際解剖了大量人體，不遺餘力四處演示教學，並且出版了詳細的解剖圖譜。他在傳世之作《人體結構》（*De humani corporis fabrica*）當中，詳細描繪了腦部與神經的構造跟功能。維薩里否定了前人

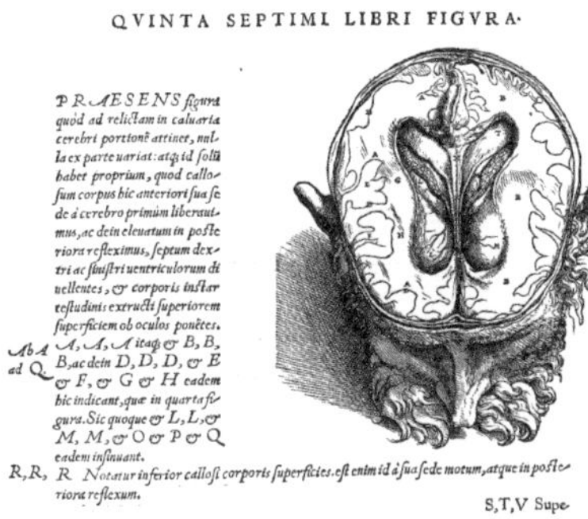

《人體結構》顯示安德雷亞斯・維薩里對大腦已有相對正確的認識。

安德雷亞斯・維薩里

理髮師外科醫生為病患移除「愚人之石」。

※湯瑪士・威利斯（Thomas Willis），1621–1675，英國醫師，皇家學會（Royal Society）創始會員。

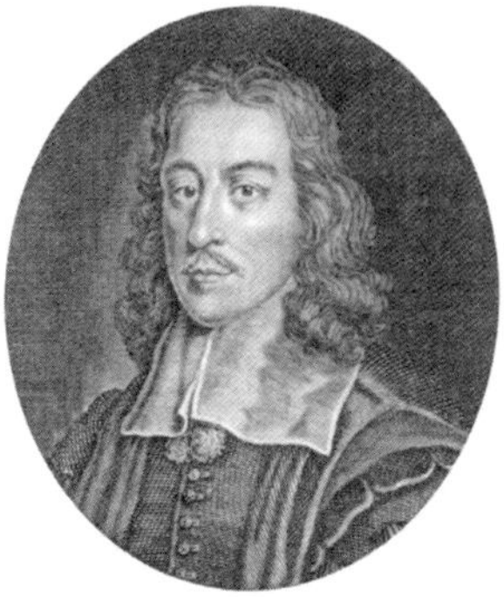

湯瑪士・威利斯

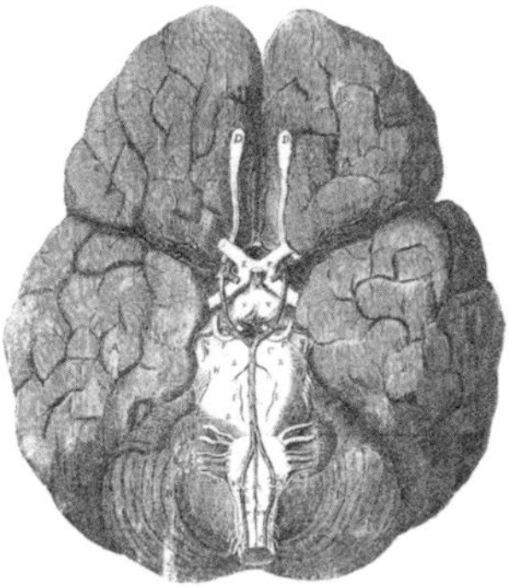

湯瑪士・威利斯將其對大腦的解剖與研究匯聚成《腦部解剖》一書。

的「高級腦功能位在腦室之中」的教條，認為腦室只不過是充滿水液的空腔。他正確指出，感情、記憶這些功能的正確位置，其實是在腦質裡面。

維薩里之後，西方醫學界對腦部的研究基本上走上了正途，腦的身價開始節節高升。十七世紀英國的湯瑪士・威利斯醫師所撰寫的《腦部解剖》（*Cerebri Anatome*）就明確指出：占了全腦重量七〇%的兩側大腦半球，才是人類的思想與行動之源。他也大略推測了腦部的各個結構，分別掌管著哪些功能。

在中國，情況比較沒那麼明朗。從漢代以後，一直到元、明，儘管有越來越多的文人儒者，在文章中把「腦」與思想、意志做出了模糊的聯繫，但傳統醫學界仍懾於《黃帝內經》的權威，沒人敢挑戰「心」的地位。著名的醫家與醫論在提到「腦」時，對它的角色定位都有點遮遮掩掩，一筆帶過，無人能把思想、感情的本體從心拿開，還給腦子。中國人要等到「西學東漸」，看到西方醫學的種種客觀證據之後，才不得不承認腦才是「神明之主」。

十八、十九世紀是傳統腦科學與腦醫學快速成長、開花結果的時代。腦的重要性與職掌既然已無疑義，不計其數的醫師與科學家便紛紛投入更多的時間心力，進一步研究腦的細部結構、功能、生理、電學、化學，以及形形色色過去看似不可解的腦部疾病。這些基礎醫學以及臨床醫學經驗的累積，讓人越來越了解腦這個複雜而迷人的器官，以及許多腦疾病的病因，開拓出一片既廣且深，需要投入更多研究的神祕領域。

邁向腦科學的新時代

二十世紀以迄於今，有幾項重要的科學發展，讓腦科學飛躍性成長，也讓腦醫學進入古人完全無法想像的新時代：

一是對腦內的神經傳導物質（neurotransmitter）有更清晰的認識。神經傳導物質是無以計數的腦細胞互相交談的信差，對這些信差的了解，不但讓我們對腦的運作更有概念，也益發清楚許多腦疾病的病因，催生出許許多多新藥物。透過這些藥物來增減、調節腦內的特定神經傳導物質，可以大幅改善許多疾病的症狀。

二是神經細胞生理學與分子生物學的進步，讓科學家以及醫師能夠用更為「微觀」的眼光來看待腦的生理以及病理，再加上基因學的發展，更讓許多在過去相當神祕的腦功能機制或是腦疾病成因，越來越無所遁形。例如早年對許多腦退化疾病完全不知道病因，也談不上根本治療，現在卻能夠藉著找到基因與環境對腦細胞的代謝徑路以及分子產物造成的異變，掌握到腦細胞衰亡的直接、間接原因，並且進一步開發新的治療方法。

三是醫學影像技術的進步。包括電腦斷層、核磁共振等儀器的運算能力不斷強化，現代對腦的造影解像力，已經到達纖毫畢現的程度，甚至連肉眼都很難看到的微細神經徑路，都能看得一清二楚。除了腦結構的影像之外，還能做到腦功能的影像，例如功能性磁振造影（functional Magnetic Resonance Imaging, fMRI），就能讓我們看到腦部各個區域即時的活動情形。

四是監測腦部各種神經電氣活動訊號，以及用人造電磁場反向修正腦部活動技術的進步。人腦的活動，主要就是來自各個神經細胞電氣活動的微妙交互作用，對這些電氣活動的監測與記錄技術的進步，讓我們更為了解許多腦部的正常或不正常的電活動模式，甚至可以藉由侵入性手術，或是非侵入的其他方式，用人為的良性電活動模式來取代病人的異常電活動模式，從而達到治療疾病的目的。

五是電腦運算能力的大幅躍進，使得我們可以用電腦來模擬人腦複雜的神經網路。此一革命性進展，讓神經學家能夠更準確評估人類大腦內部的運作方式，進一步了解以往看來像是神祕黑盒子的大腦。

腦剛出現在人類的文字記載之時，身價固然不高，但在近四、五百年當中，隨著理性以及科技的進步，腦的身價卻是不斷升值。即使到了現代，對腦這個寶貴的資產、靈魂的所在，已經有著遠勝過古人的了解，但憑良心說，我們還只揭開帷幕的一角，看見冰山的頂端，我們對腦所不知道的，尚且遠遠超過我們所知道的。因此我們可以確定，在可預見的將來，腦的身價還會繼續攀升，不知其所止。

腦細胞的頂尖對決

腦中各個細胞彼此之間究竟如何密切聯繫溝通？

※諾貝爾生理學或醫學獎（The Nobel Prize in Physiology or Medicine），通常合稱「諾貝爾生理醫學獎」或「諾貝爾生醫獎」。
※卡米洛・高爾基（Camillo Golgi），1843–1926，義大利醫師與科學家，1906年獲得諾貝爾獎。

卡米洛・高爾基

一九〇六年秋天，瑞典斯德哥爾摩的卡羅林斯卡學院（Karolinska Institute）宣布，當年的諾貝爾生理學或醫學獎將破天荒由兩位學者共同獲得。

隨後在十二月六日，來自義大利，害羞內向、沉默寡言，六十三歲的病理暨組織學家卡米洛・高爾基，與來自西班牙，熱情洋溢、能說善道，五十四歲的解剖學家聖地亞哥・拉蒙－卡哈爾首度在會場相見。他們的首遇，有禮卻不特別熱絡。當時沒有人想得到，幾天之後會出現一齣令人尷尬的「頂尖對決」戲碼。

故事要從三十多年前的高爾基開始說起。

想看卻看不清的腦細胞

早在十九世紀的前半，人們就已經熟知所有生物體——包括人類——都是由「細胞」這個基本單位所構成。不同的人體組織細胞會具有不同的形態特徵，在顯微鏡下可以看得很清楚。那麼理所當然，腦也應該一樣是由眾多的細胞所集合構成才對。只是道理歸道理，科學的事情還是要眼見為憑才成。捷克解剖學家暨

※聖地亞哥・拉蒙—卡哈爾（Santiago Ramón y Cajal），1852–1934，西班牙病理學家、組織學家、神經學家，1906年與高爾基共同獲得諾貝爾獎，被譽為「現代神經科學之父」。
※約翰・普金耶（Johannes Purkinje），1787–1869，捷克解剖學家和生理學家，將指紋予以分類，並提出「血漿」（plasma）一詞。

聖地亞哥・拉蒙—卡哈爾

約翰・普金耶

生理學家約翰．普金耶，就率先用顯微鏡來觀察薄薄的腦切片，結果真的在在小腦中發現了許多神經細胞，並命名為「普金耶細胞」。之後有許多科學家都用顯微鏡看到了一模一樣的現象。至此，「腦也是由基本的細胞單位構成」這一科學事實，也就毫無疑問了。

問題是，大腦的生理與功能，與一般的身體器官可是大異其趣。所謂「納須彌於芥子」，大腦這個重一公斤半、嫩豆腐樣的器官，居然能夠在電光石火之間，想像無垠的宇宙，解出困難的謎題，顯然大腦的細胞生理以及個別細胞之間的互動方式，一定有它的獨特性，跟其他身體器官大不相同才對。然而跟前面說過的一樣，科學的事情一定要眼見為憑。想要徹底了解腦細胞相異於其他身體細胞的特徵，就非要把一個個腦細胞看得一清二楚不可。不過此前對於腦細胞的顯微鏡觀察，卻一直沒有辦法做到這一點，比方說，普金耶所看到的腦細胞，就只有大概的形狀，而看不清楚細節。這主要的瓶頸，就是「染色技術」的限制。

想看清楚生物體的細胞，並非只把整塊組織直接放在顯微鏡下就能辨到。科學家必須先把組織切成薄片，固定後再透過適當的染色方法，才能在顯微鏡下看清其樣貌。比起其他組織細胞來說，神經細胞獨具的一大奧妙，就是各個細胞彼此之間密切的聯繫溝通。這種聯繫溝通，是透過每個神經細胞表面凸起的眾多「觸手」，互相「交談」而辦到的。

這些觸手稱為「軸突」（axons）與「樹突」（dendrites），它們的數目非常多，互相間的接觸更是不計其數，組合起來構成了比蜘蛛網還要緻密得多的細膩結構。過去適用於其他組織細胞的傳統染色方法，卻在神經細胞這兒碰了壁，因為染色後只能大略看到神經細胞的本

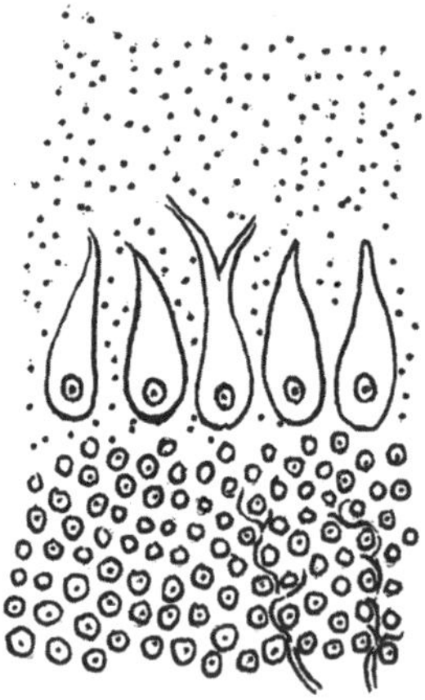

約翰．普金耶看到的神經細胞模樣。

體，卻看不清這些細胞的軸突與樹突，當然也大大局限了觀察者對神經細胞連結的了解。

高爾基的前輩，德國解剖學家約瑟．馮．格拉赫發展出新的固定與染色方法，在某種程度上大大改善了這個問題。他與同時代另外一些學者，在顯微鏡下能夠大概看到這些神經細胞的觸手，發現它們呈現出細密的網狀結構，因此他們就認為神經細胞不是個別獨立的，而是彼此藉由觸手互相融合，形成密不可分、無間隙的整體網路。

一八七三年，剛滿三十歲的卡米洛．高爾基醫師，受了完整的病理學訓練，滿懷對神經系統研究的巨大熱情，卻因為命運的安排，沒能走上研究路線，而是落腳在米蘭附近的小鎮阿比亞泰格拉索（Abbiategrasso）的慢性療養病院，擔任主治醫師。在那個醫院裡面，沒有任何的研究實驗室或設備。心懷大志的高爾基在那兒任職，打個比方，就有點像今天臺灣的一位野心勃勃、一心想要升教授的年輕醫師，卻被派到了綠島的診所看診一樣。

高爾基的研究熱情沒有屈服於現實環境，既然缺乏研究的空間與設備，他就在自己居住宿舍的廚房搭起了私人研究室，繼續他那搞清楚神經系統的執念。正是在這個「野戰實驗室」裡面，高爾基發明了革命性的「黑染色法」：把神經組織

※約瑟．馮．格拉赫（Joseph von Gerlach），1820–1896，德國解剖學家，組織染色和解剖的先驅。

先在重鉻酸鉀溶液中放置多日後，把它移到硝酸銀溶液中浸泡。這兩種化合物長時間接觸之後，會產生奇妙的化合物鉻酸銀，而鉻酸銀會把神經細胞那些密密麻麻的觸手，都染成了清晰漂亮的黑色，纖毫畢現，此事過去無人知曉。

這麼麻煩又匪夷所思的染色方法，高爾基是怎麼想出來的呢？奇妙的是，他自己沒有解釋，但根據當時科學界流傳甚廣的傳說，那其實是出於意外。高爾基的實驗室就是廚房，東西亂得很，有一次高爾基把固定好的神經組織標本放著，自己出門了，來打掃的女工看到流理檯上那一大堆亂七八糟的標本、溶液，以為是垃圾，就一股腦兒把它們掃進了垃圾桶。重鉻酸鉀跟硝酸銀的意外

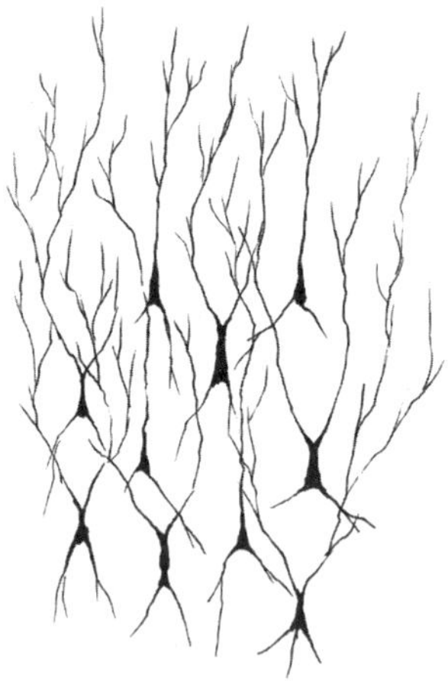

卡米洛·高爾基看到的神經細胞模樣。

相逢，就這麼發生了。高爾基回到家來，看到他的寶貝們都躺在垃圾桶裡，大驚失色，趕緊擦乾眼淚之後收拾殘局，把神經組織撿出來，放到顯微鏡下檢查，好做損害評估。一看之下不敢置信，再看之下欣喜若狂。他把他的發現寫成論文，附上清晰的手繪圖加以發表，從此開始，科學家對神經細胞的觀察研究，就進入了嶄新的境界。

過度堅持假說的大失策

高爾基發明的新染色法，讓此後的神經科學家能夠真正看清楚神經細胞的細微結構，進而更了解此前一直罩在迷霧中的神經網路。然而高爾基本人，卻在此時此刻犯下了有點嚴重的推論錯誤。

前面提過，解剖學家約瑟．馮．格拉赫等學者認為神經細胞不是個別獨立的，而是彼此的觸手互相融合，形成整體的網狀結構。也就是說，神經細胞的本體雖是獨立的，但它們的軸突與樹突分枝之間彼此融合，構成有點像大魚網一樣的整體。這個主張流派，後來被稱為「網狀學說」（reticular theory），而高爾基遠從還沒有發明他的新染色法之前，就已經是網狀學說的主要支持者。

高爾基利用自己發明的鉻酸銀染色法，仔細觀察過神經細胞之後，發現這些細胞的觸手有許多末端都是自由的，並沒有跟其他觸手融合的樣子，這一點在他自己繪製的圖片上可以看得很清楚。然而這並沒有削弱高爾基對網狀學說的信心，他反而提出新說法來解釋這個現象：那些沒有融合的部分，其實不特別重要，可能只是掌管神經的營養罷了，其他比較重要的那些觸手，想必還是互相融合的。他還為這種假想中的融合網路取了名字：「廣泛神經網路」（diffuse nervous network）。這個想當然卻沒有實據的臆測，讓他的論文發生了明顯的「圖文不符」現象。

就科學工作者來說，高爾基當時犯下了「在事實與假說不符時，不放棄假說，反而用事實來迎合假說」的致命錯誤。只不過其後的好些年間，沒有任何人有能力對網狀學說提出有力的反證。因為高爾基的染色方法固然優秀，對於神經細胞觸手的解像能力，比起以前的舊染色法已經強了不知多少，但是對最細微的末梢部分仍然力有未逮，無法確認這些末梢到底是互相融合或是個別獨立。所以，當時絕大部分的學者只能選擇繼續相信他的網狀學說。

當時與今日不同，沒有網際網路，就連國際交通、新聞傳播、學術交流都不是那麼便利。由於地域與語言的隔閡，我們故事中的另一位男主角，西班牙的聖地亞哥．拉蒙—卡哈爾，最初對高爾基的新發現一無所知，一直到了一八八七年，他才因緣際會在造訪馬德里時，由一位甫從法國歸國的醫師處，見識到用高爾基的黑染色法製作的神經組織標本，以及高爾基的著作。他見到這些東西時的感覺，據他自己的描述，是「震懾」與「著魔」。

卡哈爾是有意思的人，今天他被尊稱為「現代神經科學之父」，然而在年輕時，卻壓根沒有當科學家的打算。他從小最大的夢想，是成為畫家。也不知是幸還是不幸，卡哈爾的嚴父認為藝術是超沒用的奇技淫巧，小卡哈爾想當畫家，簡直是離經叛道。他嚴格禁止卡哈爾畫畫，強迫他去讀醫學院。卡哈爾不得不屈從，但是一抓到機會，就還是偷偷畫畫。醫學與藝術這兩件事，後來在卡哈爾的身上起了美妙的化合作用。

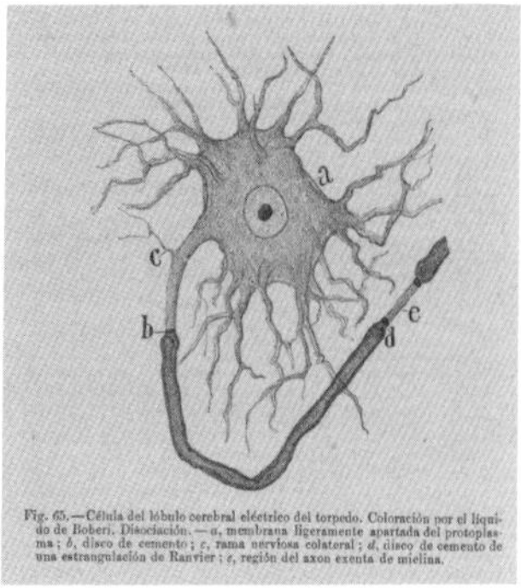

聖地亞哥·拉蒙－卡哈爾繪製的神經細胞模樣。

卡哈爾當初雖然不怎麼想學醫，然而真正踏上醫學這條路之後，卻對研究產生了很大的興趣，尤其是神經科學這個部分。

一八八四年，三十二歲的卡哈爾擔任瓦倫西亞大學的解剖學教授，他把繪畫與研究兩種興趣合而為一，繪製了非常多顯微鏡下神經組織的精美圖片。當時並沒有顯微鏡照相機，神經科學家在顯微鏡下所看到的細節，都只能用手畫下來與他人分享。卡哈爾所畫的圖，不管是在科學的細節或是在藝術的品質上，都出類拔萃，成為傳世經典。一直到今天，任何人只要想在教科書上研讀神經細胞與組織的結構，必然會碰到卡哈爾的傑作。

一八八七年的那一天，卡哈爾首度見識到高爾基的黑染色法。他事後這麼說：

清晰的背景上，呈現著黑色的線條，有的細而平滑，有的粗而帶刺，就像畫在透明日本紙上的中國水墨畫一樣清晰。光是一瞥，我就傻眼了，我的眼睛再也無法從顯微鏡離開。

從此之後，卡哈爾就好像發了熱病一樣，廢寢忘食地用這個「新武器」來觀察研究大量的神經組織。

卡哈爾也許出於藝術家的敏感，也許出於科學家的邏輯，總是覺得網狀學說不太對勁。他試著用一些小技巧來進一步改良高爾基的染色方法，例如採用比較厚的神經組織切片，觀察尚未完全髓鞘化（myelinated）的胚胎組織，以及把染色的強度再加強等等，結果終於讓他把神經細胞最末梢的細微部分看了個清清楚楚。他發現，細胞的末梢與末梢之間，雖然十分「接近」，但絕對沒有互相「融合」；相反地，在相鄰兩個末梢之間，一定有微小的間隙存在。

用今天流行的網路用語來說，卡哈爾這一下子算是「撿到槍」了。就從此刻開始，神經科學界除了獨領風騷多年的網狀學說之外，又多出了「神經元學派」（the neuron doctrine）。神經元學派的核心主張是，每個神經細胞都是獨立的個體，彼此只有接近而無融合，神經訊號是由一個神經元的末梢「跳」過這個間隙，而傳到另一個神經元。當然，當時還沒有人知道這個訊號是怎麼「跳」的。

神經元學派的領軍棋手正是卡哈爾。當時的卡哈爾僻處在西班牙一地，著作多以西班牙文發表，在國際上名不見經傳，他的大發現起初在科學界也沒有受到重視。卡哈爾覺得這樣不行，於是在取得更多研究成果之後，於一八八八年申請加入德國的解剖學學會，並且到柏林去與當代名家學者分享他的成果，結果大受肯定與重視，卡哈爾就此一炮而紅，成為國際知名的神經科學家。接著，他繼續不斷研究發表，累積下來的研究成果基本上決定了此後人們對神經系統構造的認識。正因為如此，卡哈爾後來就被尊稱為「現代神經科學之父」。

拿你的槍，繳你的械

自從卡哈爾提出了堅實的證據之後，神經元學派的看法就已經被學界普遍接受為事實，至於先前高爾基所認可的網狀學說，漸漸沒有什麼人相信了。這個腦科學史上的大事件，基本上可以這樣描述：卡哈爾撿到高爾基的槍，然後不客氣地把高爾基給繳了械。

那個時期的高爾基本人對這個發展有什麼反應呢？剛好高爾基當時正把自己研究的重點轉到了其他領域，遠離了神經科學，因此就沒有進一步的成果發表。然而高爾基對卡哈爾這位後起之秀引領的新風潮，以及對自己主張的網狀學說的致命打擊，顯然都看在眼裡。據說，他經常在課堂上向學生表達自己對神經元學派的強烈不滿。

高爾基以外的一些網狀學說學者們，為了維護自己的主張，開始強烈批評神經元學派的看法，提出了許多似是而非、無法證實的理論，試圖堅守網狀學說的正當性。高爾基本人對這些人的理論未必完全贊同，但在態度上卻是明顯讚許他們。至於卡哈爾自己，則對所有批評都置之度外，繼續埋頭研究，提出一個又一個確切的新證據。

讓我們把時間跳回到一九〇六年的諾貝爾獎頒獎典禮。瑞典的卡羅林斯卡學院決定，那年的諾貝爾生醫獎應由高爾基與卡哈爾這兩位長年以來對神經科學貢獻卓著的學界巨頭來共同分享。這可稱是實至名歸，當代所有腦科學研究者對此都是心悅誠服、樂觀其成。

神經元學派與網狀學說之爭。

然而在十二月十一日的中午，高爾基發表得獎演說，卻故意訂了以下這個標題：「神經元學派：理論與事實」。接著他在滿堂的學者之前，對神經元學派發動了總攻擊，試圖鞏固並復活過時的網狀學說。當時的高爾基已經多年沒有研究神經細胞了，對當代神經科學的發展並不熟悉。他所引用的資料過時，還有許多不正確的地方。與其說是學術發表，不如說更像是個人主觀想法的發抒，以及對同享大獎的另一位科學家的攻擊，實在非常不得體。當時許多聽眾的反應，可以用「瞠目結舌」來形容。

卡哈爾也在場聆聽，當然非常坐立不安，但是他很有風度地壓下自己的驚奇與怒氣，沒有作聲。第二天中午，輪到卡哈爾發表得獎演說，訂的題目是「神經元的構造以及連結」。演講的氣氛輕鬆而鎮定，完全沒有跟高爾基針鋒相對的意思，他只是把自己以及其他學者的科學發現與證據，一個個提出來，然後溫和地指出網狀學說的不盡合理之處。

這一前一後兩場諾貝爾獎得主的演講，對卡哈爾來說是大勝利，對高爾基來說卻是大災難。從那以後，神經科學界普遍認為高爾基是個傲慢、固執、不能承認自己錯誤的人。可以說，經由這一場諾貝爾獎演講，高爾基親手把自己給拉下了神壇。

讓事實與證據說話

可能有人會覺得奇怪，為什麼同一個諾貝爾獎可以由兩位學術主張完全相反的人來分享？他們不可能同時是對的啊！事實上，諾貝爾獎所獎勵的，並非得獎者單一的學術理論，而是他們對人類的整體貢獻。歷任諾貝爾得獎學者的學術主張當中，有部分在多年後被證明為錯誤，這樣的例子屢見不鮮，卻不妨礙他們是對人類有卓越貢獻的偉大科學家的事實。

高爾基就算沒有發明過黑染色法，他其他大量學術成就的貢獻，也足以讓他得到諾貝爾獎。他所發明的黑染色法，是讓包括卡哈爾在內的眾多神經科學家解開了神經細胞的祕密。如果說，這些科學家是「站在巨人的肩膀上」，高爾基無疑就是那位巨人。他對某個理論的主張錯誤，根本就是無傷大雅的小節。

高爾基真正的問題，是在神經元的細部構造這件事上面，先讓自己主觀的看法凌駕於客觀的證據之上，後來又因為不必要的堅持與面子問題，越陷越深，以至於使自己的偉大科學家光環蒙上了陰影。人們常常說，應該要「讓事實說話」、「讓證據說話」，在科學的範疇中，這才是唯一不變的金科玉律。

火花、湯與夢

腦中神經傳導物質的發現闡明以至於臨床運用，
是腦科學最重大的成就之一。

※奧托．勒維（Otto Loewi），1873–1961，猶太裔德國—奧地利籍藥理學家，1936年獲諾貝爾獎。

每個人都會做夢，有些夢是美夢，有些夢是惡夢，而有些夢會影響一生。你有沒有這樣的經驗：你在夜裡醒來，記得剛剛做了一個鮮明的夢，夢中的經歷新鮮有趣，給了你很多啟發；或是在夢中聽到一句警句金言，讓你茅塞頓開，想通了長久以來苦思不得其解的問題……。

夢的啟示

一九二〇年復活節前夜，猶太裔的德國—奧地利籍藥理學家，四十七歲的奧托．勒維醫師，就做了這樣的夢。他半夜醒來，感到剛剛的夢中有很重要的訊息，於是匆匆爬起床，隨手抓起紙，半睡半醒寫下夢中的啟示，接著又回去躺下睡著。第二天早上六點，剛起床的勒維醫師盯著那張紙發呆，不知如何是好，因為紙上面的字歪七扭八，他一個都不認識。

奧托．勒維

好在第二天的夜裡三點，勒維又做了同一個夢，並且再次醒來。這次他記得那個夢的內容：自己設計了妙不可言的實驗，解決了長久以來思索的難題。勒維這次可不敢再睡，他趕緊跳起來，飛奔到實驗室，照著夢裡想到的方法搭起設備，在大半夜裡做起了實驗。

勒維把兩隻青蛙的心臟分離出來，分別放在兩個獨立的培養液盤中，「蛙心一號」還帶著它的迷走神經（vagus nerve），而「蛙心二號」的迷走神經已經切除。分離出的蛙心在培養液盤中，還會以穩定的頻率，跳動相當長的時間。勒維用電流刺激蛙心一號的迷走神經，蛙心一號的跳動頻率就明顯變慢。到此為止，這是當時人們都已知道的科學事實。接下來的步驟，才是勒維夢到的啟示：他把浸泡蛙心一號的培養液吸出來，澆在蛙心二號上面，結果——賓果！蛙心二號的跳動頻率馬上就慢下來，就如同它自己的迷走神經被刺激了一樣，但蛙心二號根本就沒有迷走神經。

就從這一夜開始，世上神經科學的面貌，跟以往再也不同了。

自從聖地亞哥．拉蒙－卡哈爾在二十世紀初確立了每個神經細胞（神經元）是獨立的，細胞與細胞的末梢（包括軸突與樹突）之間並沒有互相「融合」，而是存在微小的間隙之後，神經科學家就普遍接受神經細胞間的訊息傳遞，必須要跳過這個名為「突觸」（synapse）的間隙。問題是，到底是怎麼跳過的？這個謎團繼續讓他們困惑了許多年。

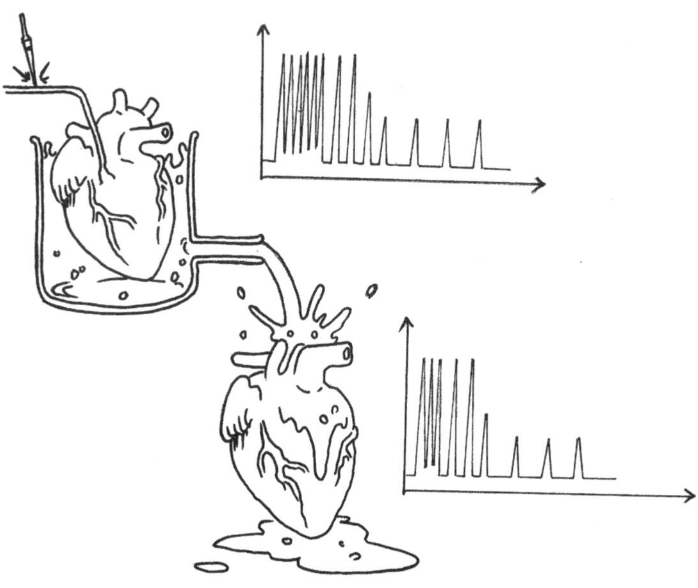

被夢所啟發的蛙心實驗。

※約翰・卡魯・埃克爾斯爵士（Sir John Carew Eccles），1903–1997，澳大利亞神經生理學家，1963年獲諾貝爾獎。
※亨利・哈利特・戴爾爵士（Sir Henry Hallett Dale），1875–1968，英國神經科學家，與奧托・勒維一起獲得諾貝爾獎。
※湯瑪斯・藍頓・埃利奧特（Thomas Renton Elliott），1877–1961，英國醫師、生理學家。

電流傳導v.s.物質傳導

神經細胞間的訊息傳導，非常迅速，即所謂的「電光石火」，所以最直觀的想法，即它是經由電的傳導，也就是前一個神經元末梢的電位變化，直接導致後一個神經元末梢的電位變化，依此方式繼續傳遞。主張這個「電流傳導」理論的，以著名的澳大利亞神經生理學家約翰・卡魯・埃克爾斯爵士為代表。

約翰・卡魯・埃克爾斯主張「電流傳導」。

亨利・哈利特・戴爾主張「物質傳導」。

另一種看法是，神經元末梢的電流無法直接傳到下一個神經元，而應該是藉著分泌某種化學物質，接觸到下一個神經元來傳遞訊息。主張這個「物質傳導」理論的，以著名的英國神經科學家亨利・哈利特・戴爾爵士為代表。

神經元可能會分泌化學物質的假說，並不是亨利・戴爾所發明。早在一九〇四年，英國生理學家湯瑪斯・藍頓・埃利奧特醫師就發現，腎上腺素對器官產生的生理作用，類似於刺激交感神經的反應。他當時推論，當交感神經的電刺激傳導到神經末梢時，可能就會讓神經末梢釋放出腎上腺素。不過這個研究發現以及看法，只有極少數的人注意。

這極少數的人之一，就是亨利．戴爾。當時的亨利．戴爾剛剛接受了惠而康藥廠（Burroughs Wellcome & Co.）邀請，成為學術研發部門的核心人員。此後許多年間，戴爾不僅在藥品研發上大有斬獲，更重要的是，他同時做了許多重要的學術研究。在那段期間，他與同僚做了不少受到埃利奧特啟發的交感神經物質研究，他發現化合物「去甲基腎上腺素」（noradranaline）對於器官的生理作用，比起埃利奧特所推論的腎上腺素，更接近刺激交感神經所引發的生理反應。不管交感神經用的是去甲基腎上腺素也好，腎上腺素也罷，實驗結果讓戴爾越來越深信，物質的傳遞才是兩個神經細胞之間訊息溝通的正途。

人類或其他動物的自主神經系統包含兩個部分：交感神經與副交感神經。兩者之間，有點像一陰一陽的關係，刺激交感神經，會讓生物體的心跳變快，而刺激副交感神經，則會像奧托．勒維做的那個實驗一樣，讓心跳變慢（迷走神經就是副交感神經的一種）。戴爾的想法是，神經之間的訊息傳遞，是靠著某種化學物質為媒介，而腎上腺素或去甲基腎上腺素，應該就是那個由交感神經末梢所分泌出來用以傳導訊息的物質。所以它們直接對器官的影響，才會如此類似於刺激交感神經所造成的樣子。

假設去甲基腎上腺素就是交感神經的傳導物質，副交感神經的傳導物質又會是什麼呢？當時沒有人知道。

一九一四年，戴爾在研發麥角（ergot）類藥物時，意外分離出化學物質「乙醯膽鹼」（acetylcholine），這是世界上第一次有人從自然界分離出這種物質。戴爾研究了它的生理作用後，大為興奮，興高采烈寫信給湯瑪斯・埃利奧特，告訴他這個消息。在信中他說：

> 這玩意兒應該跟腎上腺素類似，在自主神經系統中擔任另一個關鍵的角色。

次年，戴爾集中心力，研究乙醯膽鹼以及其他膽鹼類物質，發表了許多重要的論文。種種發現讓他越來越覺得，乙醯膽鹼應該就是刺激副交感神經時釋出的物質。然而基於他謙遜的個性，加上科學家有一分證據說一分話的謹慎，他並沒有把話說死。尤其是當時還沒有任何證據顯示，動物體內也存在著類似乙醯膽鹼的物質。

一九一四那一年，世界發生了比神經科學研究要重大得多的事件：第一次世界大戰爆發。戴爾的職務有了大變化，轉往英國醫學研究理事會中央醫學研究所

（今英國國家醫學研究中心）任職。由於戰爭導致的種種環境改變，在其後好幾年間，戴爾的研究重點轉往了乙醯膽鹼以外的領域。照這個情勢發展下去，乙醯膽鹼很可能就會長期待在冷宮，不知何時才重見天日。然而正是一九二〇年復活節奧托·勒維所做的那個夢，讓乙醯膽鹼的研究產生了戲劇性的轉機。

乙醯膽鹼在哪裡？

英國的亨利·戴爾，與奧地利的奧托·勒維，在此之前彼此並不陌生。

奧托·勒維從小就是愛做夢的人，他出生於德國法蘭克福的富裕酒商家庭，自己一直想主修藝術史，卻被父親說服讀醫。在醫學院時，勒維有點混，經常蹺課去旁聽人文課程，最後差點沒通過畢業考試，延畢一年才拿到醫師學位。他畢業後的第一份工作，是公立醫院的醫師，但做沒多久就做不下去，因為當時的臨床醫學不比今日，有太多的病，包括肺結核甚至肺炎，都缺乏有效的治療方式，只能眼睜睜看著患者死亡，讓勒維這位醫師越當越傷心。於是他很快轉換跑道，投入當時德國著名藥理學家漢斯·邁耶麾下，從事基礎研究。這一份工作，奧托·勒維倒是做得興味盎然，表現優異，於一九〇八年就得到了奧地利格拉茨大學（University of Graz）的藥理學教授職位。

※漢斯·邁耶（Hans Meyer），1853–1939，德國藥理學家。

※恩斯特·亨利·斯塔林（Ernest Henry Starling），1866–1927，英國生理學家，是內分泌生理學的奠基人之一。

早在一九〇二年，奧托·勒維就去過英國倫敦，參訪著名生理學家恩斯特·亨利·斯塔林的研究實驗室。就是在那兒，勒維認識了亨利·戴爾。兩位年輕學者一見如故，從此雖然遠隔兩地，卻成為一生的好友與合作伙伴。次年，勒維重訪英倫，也認識了當時同樣年輕有為的湯瑪斯·埃利奧特。

一九二〇年的那個深夜，愛做夢的奧托·勒維做完了那個絕妙的青蛙實驗之後，無可置疑證明了被電流刺激的蛙心一號迷走神經，必然分泌出了某種化學物質，才有可能經由含有這個物質的培養液，把心跳變慢的生理作用轉移到沒有迷走神經的蛙心二號上。換言之，迷走神經對心臟的作用，顯然是透過分泌化學物質而引起。勒維當時並不知道這個化學物質到底是什麼，就為它取了德文名字「vagusstoff」（迷走神經素）。

奧托·勒維的實驗發現，驚動了許多神經科學家。他的好朋友亨利·戴爾當然更是興奮無比，重燃起了自己對乙醯膽鹼的熱情。接下來的幾年當中，勒維與同儕持續研究迷走神經素，最後發現它是一種「膽鹼酯」（choline ester）類的物質。但是他也不敢一口咬定那就是乙醯膽鹼，原因與亨利·戴爾相同，就是過去不曾有人在動物的體內找到過乙醯膽鹼。

亨利·戴爾受到勒維實驗的發現鼓勵，越來越強烈相信迷走神經素就是乙醯

※哈洛德．杜得利（Harold Dudley），1887–1935，英國生物化學家。
※威爾海姆．費伯格（Wilhelm Siegmund Feldberg），1900–1993，猶太裔德國生理學家暨生物學家。

膽鹼。到了一九二九年，亨利．戴爾與同事哈洛德．杜得利終於在哺乳動物的體內分離出了乙醯膽鹼。這又是一個意外之喜，他們當時本來是想要分離生物體的組織胺，根本不是在找乙醯膽鹼。

既然戴爾已經證明了動物體內確實有乙醯膽鹼的存在，他對「乙醯膽鹼就是迷走神經素」的推論，更是變得無比肯定。然而技術上的限制卻讓他無法進一步證實，因為乙醯膽鹼一旦分泌出來，很快就會被周遭的天然酵素「乙醯膽鹼酶」（acetylcholinesterase）分解掉，稍縱即逝，以當時的生化技術極難探知。諷刺的是，這個困難的解決，可能要歸功於德國的納粹政權。

猶太裔的德國生理學家暨生物學家威爾海姆．費伯格，之前與亨利．戴爾就是舊識，因為具有猶太人血統，在德國納粹排猶的高潮時離開德國，以難民身分流亡到了英國，於一九三四年開始成為戴爾的同事與研究伙伴。費伯格帶著一件法寶，讓戴爾大為興奮，還為此與高采烈特地寫信告訴奧托．勒維。

威爾海姆．費伯格

費伯格的法寶，不是什麼金銀珠寶，而是讓有些人起雞皮疙瘩的「水蛭」。乙醯膽鹼作用在水蛭的肌肉會讓肌肉收縮，但如果乙醯膽鹼停留的時間不夠長，就不足以引發這個收縮。費伯格的獨特技術，就是在放著水蛭肌肉的培養液中加入「毒扁豆鹼」（physostigmine/eserine），毒扁豆鹼會壓制乙醯膽鹼酶的活性，使得它失去分解乙醯膽鹼的作用，因而讓乙醯膽鹼可以在培養液中存在更長的時間。這樣一來，藉著測量培養液中的水蛭肌肉有無收縮，以及收縮的強度，就可以得知培養液中乙醯膽鹼的存在與否以及含量了，這成為亨利．戴爾定量微量乙醯膽鹼的絕妙工具。

得到了威爾海姆．費伯格所掌握的這把「黃金鑰匙」之後，亨利．戴爾如虎添翼，在其後數年間，兩人共同做了大量研究，發表了許多重要的成果。最後，他們終於得到了無可置疑的科學證據：刺激副交感神經，會在副交感神經節交接處分泌出乙醯膽鹼；刺激支配肌肉的神經，也會在神經肌肉交接處分泌出乙醯膽鹼。如果不刺激神經，乙醯膽鹼就不會出現。如果把外來的乙醯膽鹼注入器官或肌肉，也會產生跟刺激神經一模一樣的生理反應。

亨利．戴爾的發現，震動了整個神經科學界，世界各地的實驗室紛紛重複了戴爾的實驗，並且得到一樣的結果。至此，亨利．戴爾與奧托．勒維的「神經元之間是靠著包括乙醯膽鹼在內的化學物質來進行訊息傳遞」這一理論，看來已經是鐵一般的事實了。因為這個革命性突破，一九三六年諾貝爾生醫獎就同時頒給了亨利．戴爾與奧托．勒維這兩位異國好友科學家。此時距離愛做夢的奧托．勒維那個「天啟之夜」，已經過了十六年的歲月。

真正的科學家精神

就算身為偉大的科學家，即使擁有諾貝爾獎的光環，在大環境的動盪之前，個人也顯得蒼白無力。第二次世界大戰爆發，德國在一九三八年入侵奧地利，身為猶太人的奧托．勒維與家人被蓋世太保逮捕、囚禁，並且逼嚇。這件事引起國際科學界大力聲討，最後納粹終於允許奧托．勒維在「交出諾貝爾獎獎金」的條件下離開奧地利。勒維馬上到了英國投奔老友亨利．戴爾，在牛津大學工作了短暫的時間，而後於次年接受紐約大學藥理學教授的職位，移居美國，並最終歸化成為美國公民。他跟當時許多受到迫害而離開的猶太裔科學家或其他領域的優秀人才一樣，都是納粹德國送給歐美國家的大禮。

還記得前面提過的那位澳大利亞神經生理學家約翰．卡魯．埃克爾斯爵士嗎？他一直以來都強烈主張神經細胞間的訊息傳導是經由電的傳導，而不是經由化學物質。即使在亨利．戴爾提出了堅強的證據，並且獲得諾貝爾獎之後，埃克爾斯還是認為電流傳導理論才是對的。他覺得就算神經傳導物質確實存在，還是不能解釋神經間的傳導速度怎麼會那麼快。他與其他持相同看法的科學家，繼續提出各種科學研究數據，與亨利．戴爾等科學家公開爭論，這一爭論就爭論了十多年。這場在科學史上有名的爭執，後來被暱稱為「湯派與火花派的戰爭」（The War of the Soups and the Sparks）。

埃克爾斯爵士與戴爾爵士並沒有因此成為仇敵。他們之間進行著的純粹是學術看法與科學證據的爭辯，完全不帶私人情緒，可稱為君子之爭的典範。他們兩人經常通信，討論問題，互開玩笑，在自己的研究文章發表之

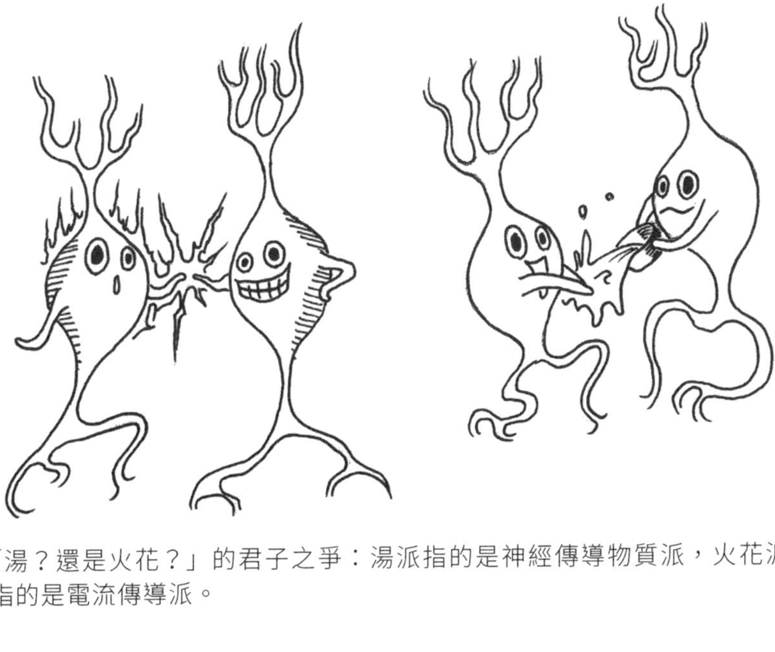

「湯？還是火花？」的君子之爭：湯派指的是神經傳導物質派，火花派指的是電流傳導派。

前，還會先寄給對方指正一下。

埃克爾斯為了證明自己的電流傳導理論才是對的，一直做著大量的實驗研究。他的實驗室採用了最新的微電極技術，可以精確測量到神經細胞的興奮與抑制突觸內部的電位變化。一九五一年八月某一天，決定性證據出現了：微電極所記錄到的電位變化，絕不可能是電流傳導所造成的。換句話說，埃克爾斯這十多年來的努力結果，恰恰證明了他自己先前的看法是錯誤的。

從埃克爾斯當時的反應，我們可以見識到真科學家的英雄本色。就在那一天，他徹底拋棄了自己堅持多年的電流傳導理論。埃克爾斯馬上寫信給亨利·戴爾，承認自己一直以來的錯誤，並且從此成為神經傳導物質理論的堅決擁護者。亨利·戴爾事後打趣說，當時的埃克爾斯就好像大馬士革的沙爾（Saul）一樣。沙爾是《新約聖經》中的人物，本來是迫害基督徒的官員，行經大馬士革時，忽然被天上落下的強光照瞎了眼，並且聽見上帝的聲音，當即改信基督，成為後來被傳頌的聖保羅（Paul the Apostle）。

埃克爾斯從「改信」的那一刻開始，就積極投入對神經系統中神經傳導物質的研究。英雄豪傑就是英雄豪傑，就算曾走了多年的冤枉路，埃克爾斯一旦轉入了正途，得到的成果比誰都要豐碩，最終在一九六三年也為他自己贏得了諾貝爾獎。

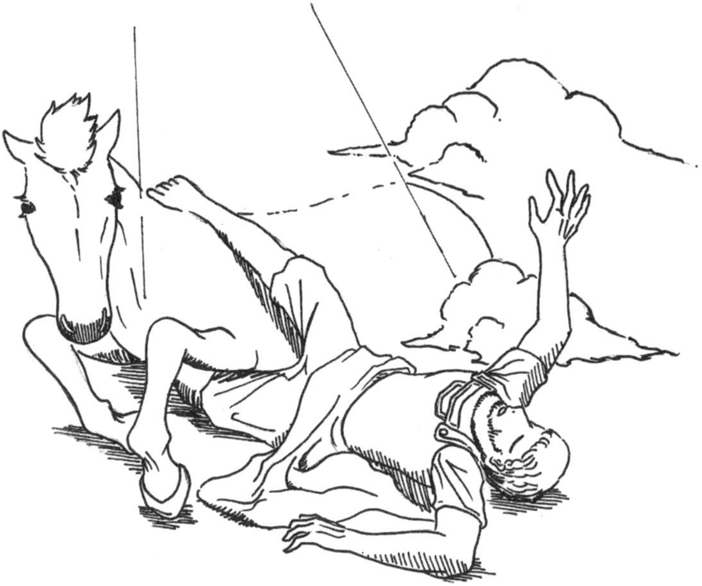

埃克爾斯從擁護電流傳導理論變成支持物質傳導理論，
觀點180度翻轉就像聖保羅的改信一般。

奧托・勒維、亨利・戴爾與約翰・卡魯・埃克爾斯等人，確立了神經傳導物質在神經系統所扮演的角色，此後的眾多神經科學家也就很快陸續確認了神經傳導物質並非只在自主神經節或神經肌肉交接處作用，更是整個中樞與周邊神經系統的共同運作機制。甚至，神經傳導物質的種類也遠遠不只乙醯膽鹼與去甲基腎上腺素，不同位置的不同神經傳導物質，微妙調控著整個神經系統。進一步了解它們，不僅讓我們更了解神經系統的複雜運作機制，也為我們提示了疾病治療的契機。

比方說，乙醯膽鹼廣泛存在大腦當中，擔負了許多關鍵性神經功能。掌管記憶的神經元，有很大一部分神經傳導物質就是乙醯膽鹼。阿茲海默症（Alzheimer's disease）造成大量乙醯膽鹼神經元退化死亡，乙醯膽鹼的量減少，病患的記憶力等智能也就隨之惡化。根據這個機轉所研發出的治療藥物，就是「乙醯膽鹼酶抑制劑」。它就像前面所說到費伯格的水蛭法寶中的毒扁豆鹼一樣，壓制住乙醯膽鹼酶的活性，讓它失去分解乙醯膽鹼的作用，使得腦中乙醯膽鹼量增加，從而改善失智病人的智能，延緩病情惡化的速度。

治療疾病的契機

再以腦內另一個重要的神經傳導物質「多巴胺」（dopamine）為例。早在一九五〇年代，科學家就已經從動物以及人類的組織中分離出多巴胺，當時只把它當作是去甲基腎上腺素合成過程中的副產品，以為沒啥重要的。但後來發現，組織中多巴胺的量並不比去甲基腎上腺素要少，所以越來越多科學家認為多巴胺一定也有著某種獨立的生理作用。問題是，這作用是什麼呢？從一九五七到一九六〇年間，許多傑出的科學家都同時在研究多巴胺的課題。這些科學家當中，包括瑞典神經藥理學家阿爾維德·卡爾

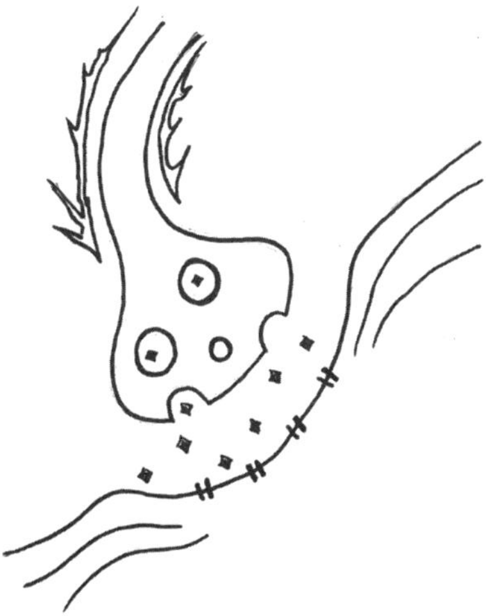

神經傳導物質在神經細胞間傳遞。

※阿爾維德．卡爾森（Arvid Carlsson），1923–2018，瑞典科學家，2000年獲諾貝爾獎。
※奧萊．洪內奇維什（Oleh Hornykiewicz），1926–2020，奧地利生物化學家。

阿爾維德．卡爾森

奧萊．洪內奇維什

森，以及奧地利生物化學家奧萊．洪內奇維什。

一九五七那一年，發現了人腦當中含有多巴胺，而阿爾維德．卡爾森就在同一年裡，用動物實驗證明了多巴胺正是動物腦中的神經傳導物質。他發明了方法來測量腦組織的多巴胺含量，發現在基底核裡面多巴胺的含量特高。不只如此，卡爾森用蛇根鹼（reserpine）給予實驗動物，讓動物腦中多巴胺量降低，這隻動物因此產生動作困難的症狀，類似於巴金森病（Parkinson disease）病人的表現。接下來他再給予這隻「巴金森動物」多巴胺的代謝前驅物左多巴（L-DOPA），拉高了動物腦中多巴胺的含量。結果呢？這位動物病患的動作就大為進步，再度活蹦亂跳。

我們要知道，巴金森病的歷史久遠，可是一直到一九五七年那時為止，還沒有人推測出它的病因是什麼，當然也就沒有任何很有效的治療藥物。卡爾森先剝奪了動物腦內的多巴胺，在牠身上製造出類似巴金森病的症狀，然後又用提高多巴胺的方法成功治療了牠，這給人的啟發太大了。

※華爾瑟・伯克邁爾（Walther Birkmayer），1910–1996，奧地利神經科醫師，與奧萊・洪內奇維什一起發現左多巴治療巴金森病的療效。

當長時間研究動物腦內多巴胺的奧萊・洪內奇維什，看到了阿爾維德・卡爾森等人發表的研究時，瞬間覺得自己的任督二脈打通了：「這麼說，人類會有巴金森病，不就是因為腦裡少了多巴胺嗎？」他馬上就開始著手進行他的「人腦計畫」，在一九五九到一九六〇年間，洪內奇維什與醫學院的同儕合作，檢測了六個巴金森病患者過世後遺留下來的大腦，定量其中多巴胺的含量，再與十七個正常死者的大腦相比較。結果非常明確，巴金森病患者基底核內的多巴胺含量，遠遠低於正常人。

到了這邊，巴金森病的致病機轉已經昭然若揭，只缺臨門一腳：治療。一九六一年七月，洪內奇維什說服了奧地利神經科醫師華爾瑟・伯克邁爾與他一同進行人體試驗。伯克邁爾當時掌管很大的神經科慢性病房，裡面住著相當多因為病情嚴重無法行動，只得長期住院照顧的巴金森病患者。他們挑選了其中一些病人，給他們注射了一五〇毫克的左多巴。在注射了一劑之後，洪內奇維什與伯克邁爾就驚喜交集，親眼見證了「左多巴奇蹟」。

原先那些全身木僵，躺著坐不起來，坐著站不起來，講也講不出話來的巴金森病患者，打了針之後紛紛起身，在病房裡走來走去，大聲交談，有的還能跑能跳。從那天開始，過去所有醫師都沒辦法幫得上忙的巴金森病患者，終於等到了

「仙丹妙藥」——左多巴，一直使用到今天。

阿爾維德·卡爾森因為長年研究神經傳導物質的傑出貢獻，澤及不計其數的巴金森病患者，在二〇〇〇年得到了諾貝爾生醫獎。

腦中神經傳導物質的發現闡明以至於臨床運用，是腦科學最重大的成就之一。回顧當初神經傳導物質的那一段發現史，可以說是經過漫長歲月，歷經一連串幸運的巧合，理論的爭執，人情的交流，戰爭與迫害，甚至夜裡的一個夢，才終於成為事實。但嚴格來看，科學上的幸運，從來都不是偶然，就算種種天時地利人和都湊齊了，若是沒有這麼多科學家過人的才智，以及長久的執念與努力，科學的突破還是不會發生的。

大腦地圖

大腦地圖觸及了「心靈」的本質問題。

※懷爾德．潘菲爾德（Wilder Penfield），1891–1976，美裔加拿大神經外科醫師，對腦部手術的發展有重要貢獻。

局部麻醉的開腦手術

那是夏季裡炎熱的一天，年僅十四歲的女孩琴（Jean）惴惴不安躺在手術檯上，看著周遭走來走去邊交談邊準備手術的醫師和護士，回想自己為什麼會來到這裡。

七年前，琴七歲的時候，有一天跟她的兄弟們走在郊外，有個怪怪的男人拿著布袋經過，忽然走近對她說：「妳要不要也進這個袋子，跟裡面的蛇玩？」一把她嚇得狂奔回家。這件事過去之後，在接下來的幾年裡，琴就陸陸續續有癲癇發作。每次發作都是先回憶起那一次可怕的經歷，湧起深深的恐怖感，然後就是放聲尖叫、揮動肢體，接下來全身抽搐，喪失意識。

琴被診斷為「局部性癲癇」（focal epilepsy）。她的發作日益頻繁，有時候在家中，有時候在上課時，有時候還會在教堂裡，造成琴以及她的家人們很大的痛苦與困擾。琴的家境不錯，父母於是帶她到加拿大蒙特婁神經醫學中心（Montreal Neurological Institute），央求該中心院長——聲名遠播的神經外科醫師懷爾德．潘菲爾德為她治療。在那個年代，特別有效的抗癲癇症藥物還沒有

懷爾德．潘菲爾德

問世，所以醫師經常會用開刀切除腦部癲癇病灶的方法來治療頑強的癲癇。

這是一九三六年的夏天，擁擠的手術室裡面，琴的視野所及可以看到身前的護士、麻醉師，還有幾位年輕醫師。其中一位捧著厚厚的筆記本，在上面寫寫畫畫，並逐字記下琴與潘菲爾德的每一句對話。至於潘菲爾德醫師本人，琴看不到，因為他站在她的頭後方，與她的中間隔著一張大床單，琴只能聽到他厚實穩重令人心安的說話聲。

琴回答潘菲爾德，說她沒有什麼不舒服，也不會痛，但其實她知道，自己的頭骨現在已經被鋸開了一大塊。而潘菲爾德醫師在跟琴說話的同時，正盯著她暴露在外的大腦仔細瞧著，這讓琴感到非常不可思議。

潘菲爾德為琴所做的癲癇症腦部手術非常新穎。一般腦部手術，需要把病人的頭骨打開，對病人的腦子切切割割，所以傳統的麻醉法當然都是全身麻醉，病人本人完全不知道發生了什麼事，但潘菲爾德醫師用的卻是局部麻醉——大腦皮質雖然是感受全身各處疼痛的中樞，妙的是它本身卻不具有痛神經，所以只要把病人的頭皮跟頭骨做局部麻醉，打開頭骨之後，醫師對大腦本身做任何動作，病人都不會感到痛。

潘菲爾德醫師之所以採用局部麻醉來做腦部的大手術，是因為就癲癇手術而言，需要病人在前半段手術過程中完全清醒，好跟他保持對話。所謂癲癇，就是大腦皮質的異常放電。每個局部性癲癇症的病人放電的位置各不相同，潘菲爾德用一支通了微量電流的探針，在病人暴露的大腦表面，電擊不同的腦皮質區域，觀察病人的反應，並探問病人的感覺，直到某個特定位置的電擊能夠激起病人的癲癇發作症狀，這一來就找到了這個病人大腦的異常放電所在。

比方說，手術對象是每次癲癇發作時右手都會抽搐的患者，當在手術中電擊到A點時，這位病人就出現跟癲癇發作時一樣右手抽搐，便可以認定A點是病人癲癇發作時的放電位

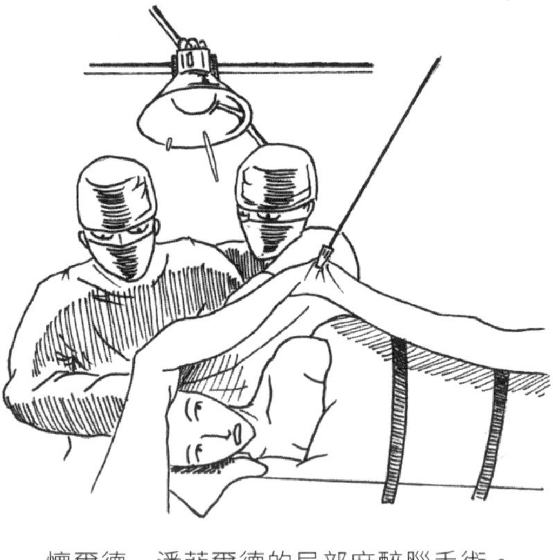

懷爾德・潘菲爾德的局部麻醉腦手術。

置，當場即將A點這個異常放電的皮質區域切除。切掉了這個作怪的病灶，病人就有望日後能減少癲癇發作。

琴的手術開始。潘菲爾德醫師一面用手上的通電探針，輪流刺激琴的腦皮質上一個個小小區塊，一面跟她交談。每一次刺激，都問她有什麼感覺，另一側的年輕醫師就聚精會神觀察琴的身體各處有沒有反應，並鉅細靡遺記錄下來。

不久，琴忽然發現自己身體的一些部位會不由自主抽動起來，或是感覺到麻癢，「啊！左手大拇指抽了一下。」「啊！左邊的嘴唇麻了一下。」這些反應，都在潘菲爾德的預期之中，跟他之前的其他病人一樣。

然而當潘菲爾德的探針移到了他所懷疑的癲癇「元凶」——琴的右邊顳葉，通下電流時，琴忽然露出緊張的表情，說：「我覺得怪怪的，好像要發作的感覺。」潘菲爾德再刺激了一次，琴說：「我聽到好多人在對我大叫。」潘菲爾德讓琴休息了一下，然後又刺激了一次，琴說：「剛剛的聲音又來了。」然後忽然啜泣起來，說：「我看到有什麼東西過來了！有什麼可怕的事要發生了！啊，不要離開我！」

那一次電刺激，讓童年的恐怖記憶在琴的意識中生動地重播了一遍。潘菲爾德醫師知道他找到了癲癇的病灶，當即讓琴進入全身麻醉，接著進行後續手術，把這個顳葉病灶切除。而這一次的手術，為腦科學開啟了全新的領域。

如果腦醫學與腦科學裡面也有「超級英雄」，懷爾德．潘菲爾德醫師無疑就是一位超級英雄。他大大拓展了腦部手術的觀念與技術，像是在局部麻醉下為清醒的癲癇病人開腦，用即時的腦皮質電刺激找到癲癇放電病灶而加以切除，就是他在腦手術方面的創舉。而且這個創舉後來所導致的重大腦科學發展，還超乎所有人當初的想像。

潘菲爾德最初想到在手術中用電刺激病人的腦皮質，確實只是為了找出癲癇放電的病灶，然而隨著手術經驗的累積，他發現這裡面蘊藏了龐大的知識寶藏。用電刺激清醒病人的大腦，並觀察他們的反應，豈不是為人類大腦皮質的功能「定位」的絕佳機會？因此到了後來，潘菲爾德的癲癇手術慢慢從單純的臨床治療，拓展成為重要的科學研究，他對大腦電刺激的涵蓋範圍越來越廣，記錄也越來越精確而詳細。

潘菲爾德是史上第一位直接「操縱」活人大腦的不同區域，誘發出他們身上不同反應的科學家。那麼，這個看起來像魔術表演一樣神奇的過程，是如何決定了此後人們對大腦的認識呢？

用頭形能幫人算命嗎？

人類所有的智能、感情、經驗、記憶、動作、感覺皆位在大腦，這是從十七

※弗朗茲・約瑟夫・加爾（Franz Joseph Gall），1758–1828，德國神經解剖學家、生理學家，提出了顱相學的概念。
※約翰・加斯帕爾・斯普爾茨海姆（Johann Kaspar Spurzheim），1776–1832，德國醫師，顱相學的主要支持者。

世紀開始就有的共識。然而大腦作為載體，到底是如何儲存感情與記憶、如何操作動作與感覺，卻是天大的謎。大腦是以一整個腦為單位，被形而上的「靈魂」當成了介質來使用呢？還是大腦本身分成了很多區塊，各個區塊分別負責不同的心智功能呢？當時沒有人說得清楚。

十八世紀開始，就有許多學者懷疑大腦的功能是分區負責的。德國的神經解剖學家暨生理學家弗朗茲・約瑟夫・加爾以及約翰・加斯帕爾・斯普爾茨海姆就是這麼主張。他們創造了一門名為「顱相學」（Phrenology）的學說，主張大腦的不同區域負責不同的功能，而大腦不同區域的大小尺寸又會影響到人腦袋的形狀，所以根據頭顱的形狀應該就能夠看得出人的心理特質。他們的主張其實有部分的道理，但他們的推論過程以臆測居多，又缺乏有力的實證，當然衍生很多問題。「用頭形幫人算命」的顱相學，就成了花俏的偽科學。

弗朗茲・約瑟夫・加爾

約翰・加斯帕爾・斯普爾茨海姆

然而這件事正突顯了在那個時代研究腦功能

※科比尼安·布洛德曼（Korbinian Brodmann），1868–1918，德國神經學家，首次描繪大腦皮層並進行分區。

有多麼不容易。古語說「人心隔肚皮」，更正確的說法應該是「人腦隔顱骨」。人的大腦躲在厚厚的顱骨下面，看不到摸不著，我們要何從得知什麼區域負責什麼功能呢？科學家頂多只能從一些腦病變或腦損傷病患死後解剖取出的腦標本，回顧其生前的症狀病徵來對照，從而做出間接的揣測而已。

到了十九世紀，德國神經科醫師科比尼安·布洛德曼研究大腦皮質的神經細胞結構，尤其是細胞間的連結方式，發現大腦皮質不同區域各自具有不同的細胞結構與連結。他據此為大腦每邊的半球都劃分出五十二個小區域。這個分區方法影響深遠，一直到今天都還在使用，稱為「布洛德曼分區」。

科比尼安·布洛德曼

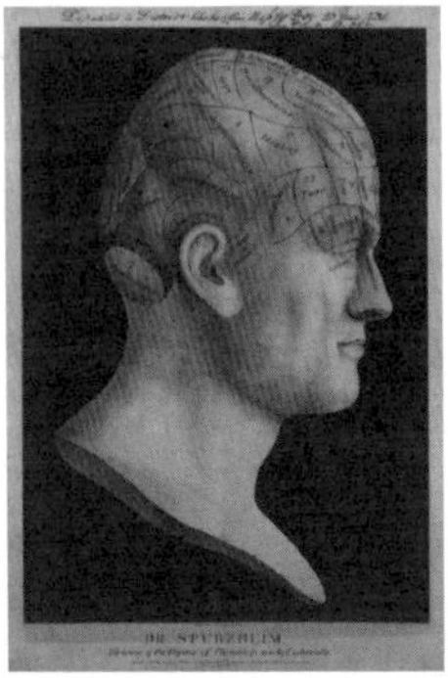
顱相學想像中的心智特質分區。

當然，我們可以想像，腦部的不同區域各具有彼此相異的細胞結構與連結方式，暗示著這些區域分別負責不同的功能。然而布洛德曼所看到的，不過是死者大腦的結構，而人腦的各種精彩功能，都只發生在活人，不可能從結構本身看出來。打個比方來說，屍體的大腦就

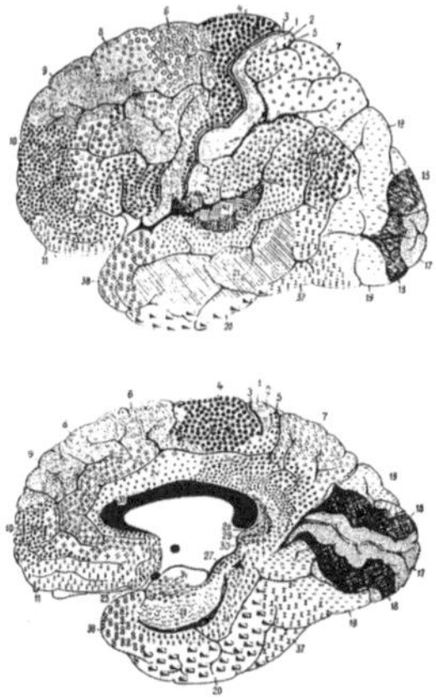

布洛德曼分區。

如同人去樓空的大廈，布洛德曼分區只能告訴我們，這座大廈所有房間的大致數目與分布情況，以及各個房間的建料材質，卻完全沒法從中得知這些房間是臥室還是廚房，裡面原先有什麼家具，住過什麼人。

潘菲爾德醫師從一開始做他所發明的癲癇手術時就發現，只要用電流刺激病人腦皮質的某個特定位置，就必然會激發出這個病人某個肢體的特定動作，或是體表某處的感覺，而且這些反應在每一個病人的身上都差不多。

比方說，潘菲爾德德刺激病人的腦皮質某處，造成該病人「手臂跟手輕微地抽搐，並且產生想要動的感覺」，他把這個點標上號碼「十八」；刺激另一點時，病人說他感覺「整隻右腿一路麻下去」，他再把這個點標上「八」的號碼。以後他做其他病人的手術時，找到「十八」的位置通電，就同樣會引起手臂跟手的抽搐，而刺激「八」的位置，病人也同樣會表示右腿麻了起來。

隨著病人的數目越來越多，經驗的累積日益豐富，潘菲爾德醫師覺得自己越來越有把握，並且對腦皮質的「功能分區」也越來越有興趣。他增加手術中的刺激點數目，擴充涵蓋區域，記錄也更精細。到最後他發現，把這些電刺激引起病人反應的部位當成座標加以「連連看」，就可以畫成完整的小小人體圖，覆蓋在腦皮質的表面。這小人一共有兩個，一個掌管運動，分布在運動皮質上；另一個掌管感覺，分布在感覺皮質上。這就是潘菲爾德前無古人的曠世名作，青史留名的「皮質小人」（cortical homunculus）。

皮質小人是什麼人？

「皮質小人」是人形，但是相對位置並不跟人體完全一致，臉部在大腦的外側表面，上方是手，再往上是軀幹，接著軀幹往上繞過中線部位進入內側則是

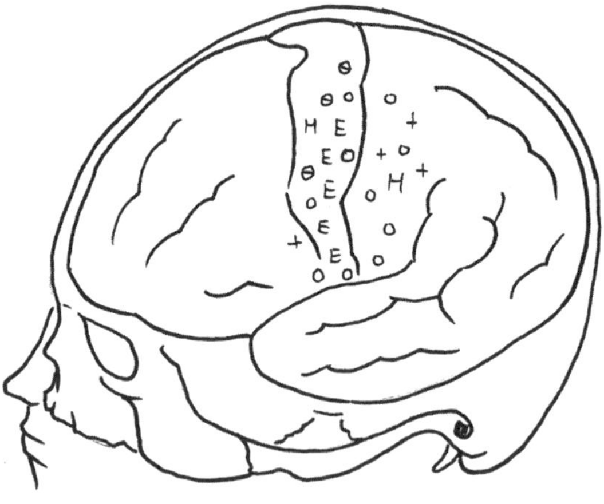

懷爾德・潘菲爾德根據病人手術中的反應標記大腦不同區域的功能。

腳的部分。小人的比例也很奇怪，跟真正的人體比例很不一樣，兩隻手特別大，頭臉部也很大，整個軀幹反而比較小，畫出來的樣子很怪異，有點可怕。

為什麼皮質小人的比例會是這樣的？因為人類是靈長類動物，對我們來說，萬能的雙手最重要，運動與感覺的功能最細緻、最靈敏，而臉部要做出各種喜怒哀樂明示暗喻的表情，遠遠超過任何其他動物，所以分配給它們的神經細胞當然就特別多。至於占體表面積最大的軀幹部位，因為不需要太過精細的控制與感受，分配的腦細胞數目少，所以在腦皮質上反而占地較小了。

潘菲爾德的發現是劃時代的，因為他首度在活人的身上證實了大腦皮質功能分區的事實，為大腦這座宏偉大廈裡的眾多房間一一標出了用途。他的「皮質小人」遺產，就此成為每一本神經學教科書的必備項目。一直到現在，每一位神經科醫師的腦海中，都存有一張清晰的皮質小人圖，以供診斷病人時按圖索驥。

神經科在訓練初出茅廬的年輕醫師時，必然會讓他先檢查病人，測試各個身體部位的肌肉力量、感覺功能、神經反射等等，找出這個病人的所有病徵，接下來就會要求這位醫師「在未看過電腦斷層或核磁共振影像的情況下，說出這病人的病變在何處、有多大、可能是什麼病」，這不是訓練醫師瞎猜的本領，而是要讓他們熟知神經系統的結構以及變化，從而能藉著病人表現出來的功能缺陷，合理

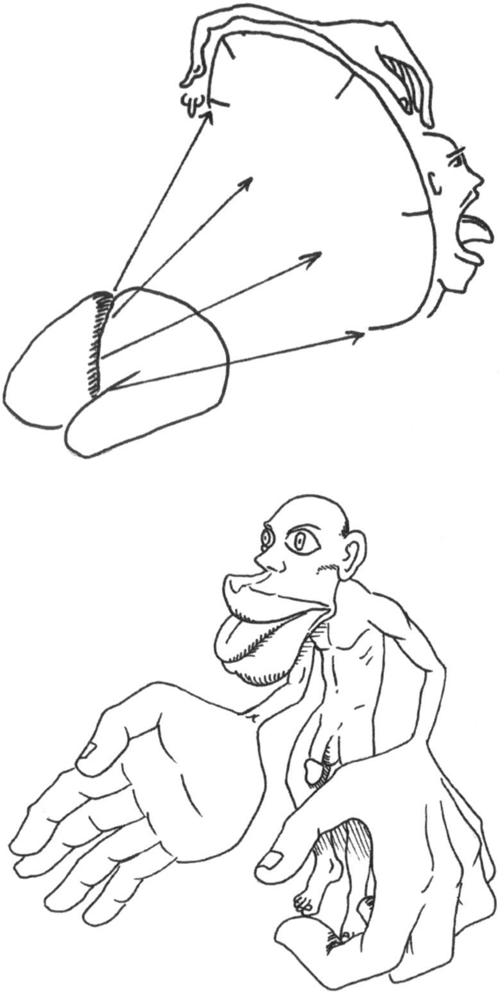

根據大腦不同區域對應的身體位置所畫出的「皮質小人」。

推測他的病變位置。而如果這個病變在大腦，潘菲爾德的皮質小人就是我們據以判斷的利器。

比方說，遇到急性中風的病人，神經科醫師經常需要在掃描影像還沒有出來之前，就先行正確判斷出病人大腦梗塞區域的大小以及位置。假設中風病人的症狀是左手與左臉無力，但左腳力氣相對正常，整個左半邊體表的感覺也是正常，我們光從這樣的神經學表現，就可以有把握地診斷：病人的梗塞區位於靠近右側大腦外緣的手與臉的運動區，內側的腳運動區以及整個感覺皮質都相對沒事。能夠做到這種有如透視眼一般的超能力，就是拜潘菲爾德的皮質小人之賜。

運動與感覺這兩個皮質小人，固然已經足以讓潘菲爾德名垂千古，但自從遇到琴這位病人之後，大腦皮質的祕密房間，又對潘菲爾德打開了一扇新門。

用刀與電發現未知的世界

運動皮質小人的位置，在額葉的運動區；感覺皮質小人的位置，在頂葉的感覺區。潘菲爾德在例行刺激過琴的運動與感覺區之後，為了尋找琴的癲癇放電病灶，刺激了她的顳葉，結果在那兒勾起了她深藏的記憶，以及相伴隨的情緒反應。這是潘菲爾德第一次看到電刺激不只能激發簡單的動作或感覺，還能夠激發一段複雜完整的記憶，加上情緒的反應。

親眼見到了電流刺激可以激活病人「儲存在腦內的過去經驗」，讓潘菲爾德的思考方向，從大腦皮質的單純運動與感覺功能，擴大到了整個「心靈」的層次。從琴開始，潘菲爾德此後接連不斷在其他病人身上也觀察到類似琴的反應，且通常都是在刺激顳葉的時候。有人會跟琴一樣聽到聲音，有人會看到幻影，有人會聞到燒焦吐司的味道，同樣也有很多人會被勾起過去的記憶、情緒反應、「似曾相識」（déjà vu）的感覺等等。

潘菲爾德醫師的發現，事實上觸及了「心靈」的本質問題。在西方哲學系統當中，二元論向來居於主導地位。希臘哲學家柏拉圖（Plato）就主張，人的身

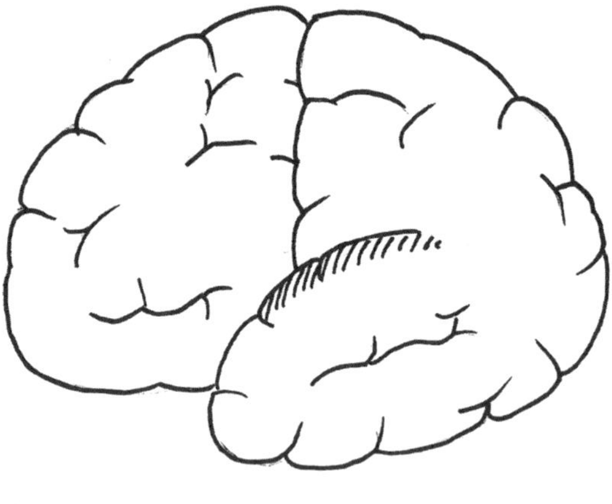

潘菲爾德首度證明，對大腦顳葉局部（斜線部分）的物理刺激可以激發「心理」現象。

體歸身體，另外還有所謂的靈魂，身體所處的現實世界不如靈魂所處的理性世界真實。中世紀的基督教教義，也把人的肉體與靈魂截然劃分為二。文藝復興之後，法國著名哲學家兼科學家勒內．笛卡爾（René Descartes）仍然主張心物二元論，認為現實是由本質上相異的物質（substance）與心（immaterial mind）所共同構成。這些理論，其實都僅出於哲思想像，而無從尋求證據。

潘菲爾德對人類大腦的電刺激，不僅僅是激發簡單的動作反應或是體表感覺而已，對顳葉這樣的特定區域進行電刺激，還可以激起複雜的情緒感受、有情節的人聲影像，甚至整段的回憶。這些豈不都是我們「心靈」的片段？因

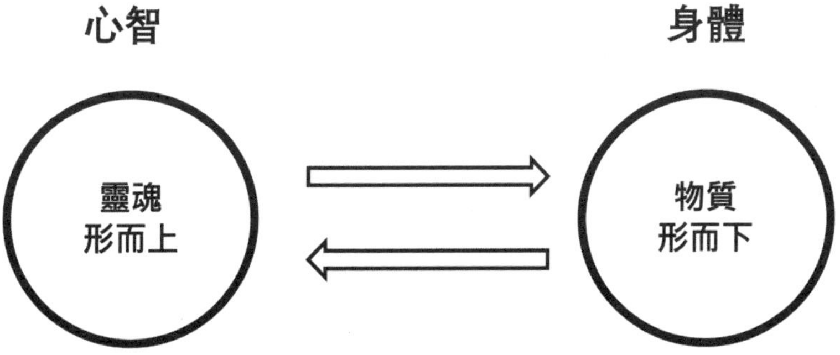

古代宗教與哲學的「心物二元論」。

此，從科學證據來看，心靈與腦更像是一元的。所謂的心靈，並非獨存於肉體之外的玄虛主體，而是大腦活動的整體表現。當然，潘菲爾德對腦的電刺激，並不曾讓被刺激的人產生過什麼偉大的文學或音樂作品，甚至是思想的頓悟。而我們今天已經知道，大腦的最高階功能皆成就於各個不同區域之間的複雜交互作用，而非僅靠某個小小的區域，當然也絕非簡單的電刺激所能激發。

懷爾德．潘菲爾德醫師本人，對自己的一生成就，下過這樣的註腳：

> 我是探險家，但是不像我的祖先們，用羅盤與船隻去發現未知的陸地，我用一把手術刀與一個小電極，去探索人類的大腦，並繪製它的地圖。

沒有錯，腦科學的廣大世界，就是靠著像潘菲爾德醫師這樣充滿好奇心、勇敢、獨立思考的探險家，披荊斬棘，畫出一幅幅的地圖，我們今天才能循著他們的道路前進更前進，繼續探索前人所不曾去過的新境域。

額葉傳奇

腦是人們靈魂的所在，

前額葉正是這靈魂的君王。

※菲尼亞斯·蓋吉（Phineas Gage），1823–1860，美國鐵路工頭，因遭受事故意外成為探討大腦機能的重要研究對象。

名留史冊的工安意外

一八四八年九月十三日早晨，當二十五歲的爆破工人菲尼亞斯·蓋吉步出家門準備上工的時候，他絕對沒有想到自己即將成為神經科學史上不朽的名字。如果事先知道，他一定會馬上躺回床上睡大覺，拒絕這個殊榮。然而命運的安排通常不理會個人的意願。

當天下午四點多，築建鐵路的工地上準備要爆破一塊岩石，當時蓋吉先生正轉頭跟同伴說話，臉遙遙對著那個爆破孔，突然火藥意外點燃，原本插在岩石爆破孔中那根直徑三公分，長度一公尺餘，重達六公斤的鐵條受到爆炸力推擠，像飛彈一樣，射向菲尼亞斯·蓋吉的左臉。

菲尼亞斯·蓋吉本人手持著肇事鐵條。

鐵條直穿過他的左臉頰，進入左眼後方，繼續穿透大腦，接著射穿左前額處的顱骨，餘勢不衰，帶著蓋吉的血漿以及腦漿，噴射到二十多公尺遠處才著地。當時誰都不知道，這起嚴重的工安意外真正離奇的地方才要開始。

菲尼亞斯·蓋吉沒有死！他在短暫抽搐之

※約翰・哈洛（John Harlow），1819–1907，美國醫師，因診治並記錄菲尼亞斯・蓋吉的腦損傷而知名。
※癲癇重積，指癲癇持續發作超過5分鐘，或是5分鐘內癲癇發作超過一次，且在每次發作之間病患沒有恢復正常狀態。

後，恢復了知覺，被同伴攙扶著走上牛車，一路坐著到達了醫生那兒，把那位名為約翰・哈洛的鄉村醫生嚇得不輕。哈洛醫生親眼看到蓋吉頭顱上那個大洞溢出血塊與腦漿，只能當場幫他做了一些緊急處理。在其後幾週，蓋吉因為腦部的感染併發症，在鬼門關出入了好幾遭，最後居然奇蹟似地康復。

蓋吉之後又活了十二年，一直到了一八六〇年，因為嚴重的癲癇重積發作而死，那當然也是腦傷的後遺症之一。在這十二年生命當中，蓋吉成為名人，他經常以奇蹟生還者的身分四處露臉，迎合觀眾的好奇心，以賺取一點微薄的收入。不過當時人們對他的獵奇心態，遠超過醫學研究的興趣，加上還沒有儀

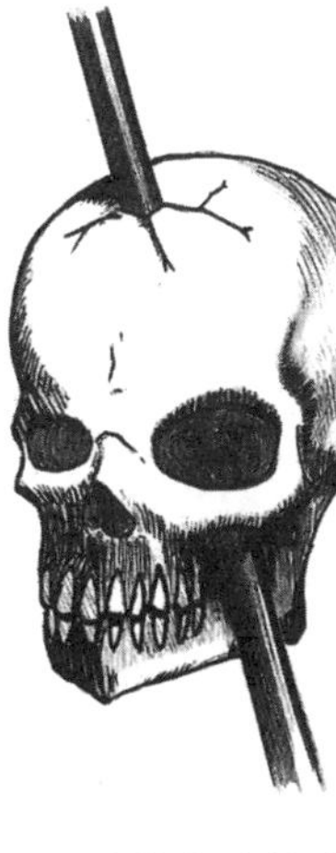

蓋吉的頭顱被鐵條穿過的想像圖。

器設備可以看到腦的內部，以至於我們到今天為止，都還只能間接推測蓋吉腦部的實際受傷情況。

不過有一點可以確定，蓋吉在腦部受傷之後，雖然仍能正常行走、交談，甚至可以做些簡單的工作，但是他的「個性」卻發生了很大的改變。根據零星的記載，受傷之前的蓋吉是彬彬有禮、尊重別人並且相當精明的人，受傷之後，他卻失去了對金錢的概念，變得粗魯無禮，經常公然發怒，時不時罵幾句髒話。他後來之所以會無法維持正常的工作，而必須靠著四處展示自己的生存奇蹟來謀生，也正是為此。長期治療並觀察蓋吉的哈洛醫生說：「他的理性與動物性之間的平衡似乎壞掉了。」蓋吉

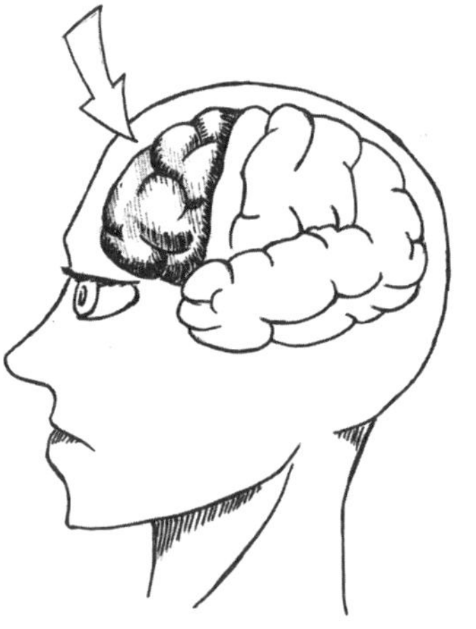

人腦額葉的位置。

的朋友則說得更精準，他們說：「蓋吉不再是蓋吉了。」

蓋吉死後，他的大腦並沒有被保留下來，但是他那顆有個大洞的頭顱骨，以及當初肇事的鐵條，都一起被保存在哈佛醫學院的解剖學博物館長期展示。到了二十世紀末、二十一世紀初，由於神經影像學技術的發達，有好幾位神經學家以及神經影像專家，利用電腦模型重建當初那根鐵條穿過蓋吉腦部的行進軌跡，結果證明蓋吉腦部受傷的部位是在「額葉」。

蓋吉那時代的醫療與現代相比，當然天差地遠。今天的醫生，如果像哈洛醫生一樣遇到蓋吉這樣的病人，對腦損傷位置以及臨床表現就都會了然於心。

誰決定你的人格？

我自己在幾年前照顧過一位腦中風的住院病人，他六十多歲，中風以後，手腳力氣、行動能力、語言功能都完全沒有問題，唯一的差別就是，變得比較遲鈍，有點呆，反應慢半拍。叫他吃飯、上廁所，或者起來運動一下，都要三催四請才有反應。

有一次在查房時，我問這位病人的太太：「他現在的情況，以後還有機會進步，但是短時間內可能還會是這樣，他回家以後，妳照顧起來會不會有什麼困擾？」

這位太太有點不好意思地笑著回答：「不會啦，其實他以前的脾氣很壞，常常罵我、罵家人，自從中風以後，好像換了一個人一樣，脾氣變得超好，好相處多了。」

腦部磁振造影顯示，這位病人中風的所在，也正是額葉。

從十六世紀末到十七世紀開始，西方的解剖學者以及醫師才開始正確地把人類的高等認知功能放在了大腦的腦質之中。然而他們還沒有把大腦的功能分區的概念，也就是說，那時並不知道大腦的區塊與區塊間有什麼不同。一直到了十八世紀，才開始有人朝這個方向思考，並且推測額葉的功能可能滿重要的。

在前文〈大腦地圖〉曾提及「顱相學」的發展與理論缺陷，但顱相學的部分想法卻頗有啟發性：既然所有動物的額葉都遠遠比人類的額葉要小，那麼，額葉必然就包含著人類最高等的智能。

這個推測，在後來許多年間並沒有得到重視，當然也沒有任何科學證據的支持。一直到了十九世紀，正是由於菲尼亞斯・蓋吉的病例橫空出世，讓此後的許許多多學者重新開始思考額葉的功能。

神經學家莫塞斯・艾倫・史塔爾研究了大量的腦瘤、膿瘍、外傷等腦病變患者的資料，發現額葉受損經常會造成注意力、智能的降低，以及脾氣、個性的改

※莫塞斯・艾倫・史塔爾（Moses Allen Starr），1854–1932，美國神經學家。

※阿諾德・皮克（Arnold Pick），1851–1924，捷克精神科醫師。
※亞歷山大・魯利亞（Alexander R. Luria），1902–1977，蘇聯神經心理學家，奠定了神經心理學的基礎。

阿諾德・皮克

變。捷克精神科醫師阿諾德・皮克則發現有一些額葉與顳葉退化的病患，會表現出明顯的漠然無反應、判斷力及反省能力下降、創造力受損，甚至隨便亂穿衣服、出現反社會行為等等。皮克當時並不知道，他已經發現了一種新的疾病。後來的學者把這種額葉發生退化導致種種行為異常，而後演變成全面失智的疾病，稱為「皮克氏病」（Pick's disease）。

十九到二十世紀間，觀察額葉病變導致行為異常的研究，如雨後春筍般出現。其中一個推波助瀾的原因，卻是戰爭。在那個期間，發生了第一次以及第二次世界大戰，造成了大量額葉受傷的軍人。有好多位醫師學者對這些傷員的行為表現進行研究，共同的結論是，這些受傷戰士都表現出思考以及推理能力下降，有思考膠著反覆、注意力不集中、喪失主動性、情緒變化劇烈等等的症狀。

大名鼎鼎的蘇聯神經心理學家亞歷山大・魯利亞在研究了這些傷員以及其他各種前額葉病變的患者之後，在他的名著《人類的高等腦皮質功能》（*Higher Cortical Functions in Man*, 1962）中提出，額葉在人腦中的作用是居於最高階級的「控制者」角色，掌管計劃與執行，並且監控著所有心智活動。

※安東尼奧・埃加斯・莫尼斯（António Egas Moniz），1874–1955，葡萄牙神經科醫師，1949年獲諾貝爾獎。

至此，人腦的額葉在人類智能上所扮演的角色大致底定。額葉無疑就是人類所有高等智能中的君主，也是我們的個性與人格的所在，以及讓人類的成就超出其他動物之上的最大功臣。

這一項科學新發現，固然大大拓展當時醫師學者的眼界，然而知識的進步，有時也是雙面刃，端看我們有沒有善用它。

切除額葉成為流行？

葡萄牙神經科醫師安東尼奧・埃加斯・莫尼斯對額葉的作用十分著迷。他認為，既然額葉受傷的患者會有個性與人格的明顯改變，那麼精神分裂症之類的精神疾患應該就是由於額葉的「不正常神經連結」所導致。進一步說，這些精神病患者一定是有著一些「過度膠著」的額葉神經連結，才導致他們出現了執著與強迫性的人格表現。

莫尼斯醫師並沒有等待更充分的科學證據，從一九三〇年代就開始把想法應用到了病人的身上，他與同事合作設計出一種腦部手術，用來治療精神分裂症以及其他精神疾患。這個手術稱為額葉切除術（lobotomy），又稱為腦白質切除術（leucotomy），方法非常簡單：在病人的顱骨兩側鑽出小孔，把一支稱為「腦白質切

※沃爾特・弗里曼（Walter Freeman），1895–1972，美國醫師，改良了額葉切除術。
※詹姆士・華茲（James Watts），1904–1994，美國醫師，與沃爾特・弗里曼一起在美國推廣額葉切除術。

斷器」的工具從洞中伸入病患腦部，它的開口處有鋼絲，醫師拉動手柄，鋼絲便會凸起，切斷那些連結額葉與腦部其他地方的神經纖維。

在莫尼斯自己發表的成果當中，他聲稱這種手術相當安全，很少有病人會因此死亡，而且大多數病人的精神病症狀有明顯進步。莫尼斯顯然對自己的成果相當滿意，而也因為他的宣揚推廣，額葉切除術在當時歐美醫界蔚為風潮。

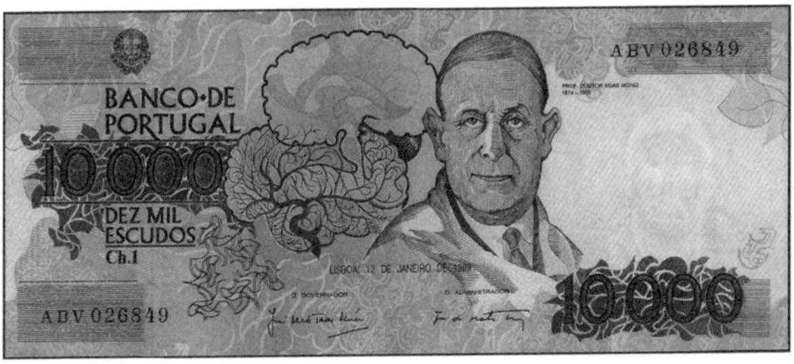

安東尼奧・埃加斯・莫尼斯。他的肖像曾出現在葡萄牙貨幣上，一旁還標示了其腦科學成就。

美國的沃爾特・弗里曼以及詹姆士・華茲兩位醫師，在看到莫尼斯的成果之後非常興奮，便在美國大力推行，甚至發展出自己的改良方法：手術時用一把榔頭，將一支類似冰錐的錐子經由眼球上部，從眼眶中鑿入腦內，破壞掉額葉與其他部位的神經連結。這種手術方式比起莫尼斯的方法更為簡單快速。直到五〇年代為止，美國已經有好幾萬名精神病患者被實施了這種手術。而安東尼奧・埃加斯・莫尼斯本人，也因為他的發明於一九四九年獲得諾貝爾獎。

如果腦子少了一部分

在醫學和科學上，隨著時間以及經驗的推進，真相總會慢慢浮現，就算一度極受肯定，就算有諾貝爾獎的光環加持，並不代表就一定是對的。慢慢地，紅極一時的額葉切除術開始受到了一些質疑，主要的質疑是：「這手術的效果，真的有他們所說的那樣好嗎？」

越來越多人懷疑實施額葉切除術的醫師對患者的命運有「報喜不報憂」的情形。人的額葉既然那麼重要，貿然破壞它的連結，難道不需要付出代價嗎？醫師與科學家進一步調查額葉切除後的患者，發現這個手術帶來的後遺症並不少。除了死亡，它還可能引起癲癇、大

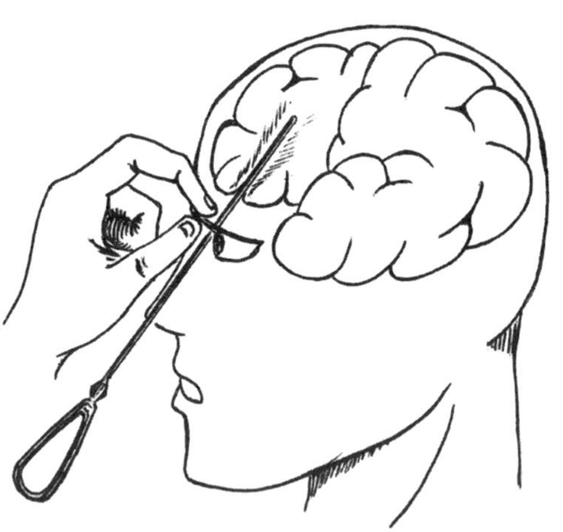

沃爾特．弗里曼與詹姆士．華茲設計了經眼眶額葉切除術。

小便失禁、嚴重智能退化等結果。此外，越來越多的醫師也發現，額葉切除術會大大改變病人的「人格」，他們的主動性、執行力，以及對環境的反應都受到相當程度的損害。

就有女患者的母親這樣描述：「她是我的女兒沒錯，但她卻完全變成了另一個人。她只剩下軀體在我身邊，靈魂卻已經不見了。」霍夫曼（J. L. Hoffman）醫師追蹤了許多額葉切除術的患者，發表了多篇論文，提到他對這些接受過手術的病人的觀察：

> 這些病人看似不再受到原本精神混亂的困擾，但是他們也幾乎不再能感受到任何感情，例如喜悅等等。他們基本上表現出遲鈍、漠然、萎靡不振、缺乏活力，沒有任何主觀意志。

一言以蔽之，額葉切除術在精神病患者身上所產生的效果，並非是改善病情，而是讓他們變呆、變鈍、變安靜、變被動，以至於比較不干擾他人。這樣的做法，與幾百年前把精神病患者關在鐵籠或囚室的做法並無不同，只不過現在關著他們的不是實體，而是心靈的牢籠。一九七五年獲得奧斯卡獎的經典電影，由傑克・尼克遜（Jack Nicholson）主演的《飛越杜鵑窩》（*One Flew Over the Cuckoo's Nest*），就傳神描寫了額葉切除術對人所造成的傷害。

額葉切除術的效果以及倫理，後來受到醫學界嚴重批判。然而平心而論，回顧額葉切除術的歷史背景，是因為當時無法真正有效治療精神分裂症等嚴重的精神疾患，「沒有辦法中的辦法」，額葉切除術這才應運而生。隨著五〇年代第一個真正有效的抗精神病藥物「氯丙嗪」（Chlorpromazine）問世之後，各種真正能夠幫助精神病患者的新藥物陸續出現，用藥物來治療精神病的方法漸成主流，才使得額葉切除術這個因吹捧而風行一時，實則破壞大於建設的手術漸漸式微，終於在七〇年代壽終正寢。

為什麼同樣是額葉受損，有些病患——像菲尼亞斯・蓋吉——表現出的症狀是不顧他人、暴躁易怒、亂罵髒話，而另外一些病患，像我主治的那位中風病人，以及史上許多額葉切除術的患者，表現出的症狀卻是呆滯、冷漠、被動、無活力呢？

大家首先要知道，額葉雖然只是一個解剖位置，但它所包含的神經迴路其實很多。其中與人的行為有關的至少有三處，分別位於與前額葉皮質相鄰卻不同的位置：背外側前額葉迴路（dorsolateral prefrontal circuit）、眼眶前額葉迴路（orbitofrontal prefrontal circuit），以及內側前額葉迴路（medial prefrontal circuit）。這三個迴路雖然位置接近，負責的功能卻彼此不同，因此受到損傷時所表現出的異常當然也就各不相同。

受到傷害、病變或手術破壞的位置如果是背外側前額葉迴路，病人會表現出組織力、創造力、計劃力受損，思考膠著，無法思索抽象概念以及注意力不集中的症狀。受破壞的如果是眼眶前額葉迴路，病人會表現出不安、激動，無法控制衝動、攻擊性、欣快感、強迫行為、不適當甚至反社會行為的症狀。而受破壞的如果是內側前額葉迴路，則會表現出冷漠、被動、不活動、無情緒、無興趣等等症狀。

儘管早從三百多年前開始，人們就

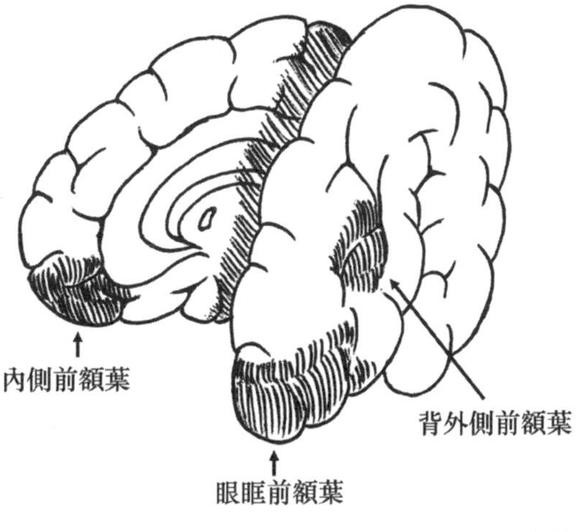

內側前額葉、眼眶前額葉與背外側前額葉在大腦中的位置。

已經知道大腦是我們思考感情、一言一動的總來源，然而大腦各個不同位置與構造還掌管著不同特定功能的這個事實，卻是用不計其數的傷患或病患的不幸而換來的。像菲尼亞斯．蓋吉，像一、二次大戰中的傷員戰士，像承受了額葉切除術的眾多精神病患者，正是藉著觀察他們，了解他們的不幸，醫師以及腦科學家才終於知道，如果腦是人們靈魂的所在，則前額葉正是這靈魂的君王。在腦科學與腦醫學開疆闢土的漫長征戰史上，這些病患都是真正的無名英雄。

聽大腦說話

心智活動並非僅限於大腦一區一區的個別動作，
而是藉由不同區域的活動互相串連。

語言，對大多數人來說是如此自然，像是呼吸一樣，以至於我們有時候會忘記，說話並非與生俱來的本能，而是辛苦學習來的技術。唯有在看到因為某些大腦疾病而導致語言的表達或理解出現問題的病患時，我們才會想起，擁有語言這個技術是多麼不容易。其實語言也不單單是一種技術而已，人類的整個智能架構，都跟語言息息相關。我們理解他人的概念，表達自己的想法，甚至自己腦內進行奇思異想、邏輯推理等等，無一不是奠基在語言的基礎之上。那麼，語言是從大腦的什麼地方、怎麼產生出來的呢？而語言功能有缺損的病患，又是因為大腦出了什麼問題呢？

一個病人的啟示

語言對人的生活實在太過重要，當任何人罹患了損傷到語言的病症時，都一定很引人注目，難免有許多案例會被記載下來。所以從古埃及與希臘開始的文獻中，都可以看到許多語言障礙的患者紀錄，包括有腦中風、癲癇，或其他種種疾病導致病人不能說話的案例。這些紀錄的詳實程度，有時足以讓今天的神經科醫師準確判斷出那些古代的患者得到的是哪類的語言障礙。可是一直到十八世紀為止，卻還沒有人把語言當成一類獨立的智能來看待。主要是因為，在那以前的醫

人類的有效溝通，奠基於雙方健全的語言功能基礎之上。

※皮耶．保羅．布羅卡（Pierre Paul Broca），1824–1880，法國醫師、解剖學家兼人類學家，發現了語言中樞的重要部分「布羅卡區」，並命名了「邊緣葉」。

皮耶．保羅．布羅卡

學家或哲學家傾向把人的智能表現當成一個整體來看，還不太有「把智能再區分為次功能」與「把智能的次功能在腦內分區」的概念。

直到顱相學出現，改變了這個情況。顱相學本身雖然謬誤百出，但是它所提倡的功能分區看法，卻是極有見地，蔚為風潮。因此，對於十九世紀的法國醫師、解剖學家兼人類學家皮耶．保羅．布羅卡來說，各種不同的智能應該分別放在大腦的不同位置，已經是再自然也不過的觀念。

布羅卡是不世出的奇才。古往今來許多有學問的人，其學問都是從苦學而來，任何資質中等的人只要肯下功夫，付出足夠的努力，不論對哪一種困難的學術都有可能掌握到相當程度，在專業領域出人頭地。然而若是有人能同時通曉好幾種不同的學問，並且在每一個領域都很傑出，就很難只用後天的努力來解釋，他必須還要是早慧的天才方說得通，布羅卡無疑就是這樣的人。

布羅卡的父親是醫師，母親是受過良好教育的牧師之女。小布羅卡十六歲從家鄉的學校畢業，取得學士學位，十七歲進入巴黎的醫學院就讀，而且二十歲就畢業。畢業後遍訪明師進修，二十五歲時獲得醫學博士學位，而後一直活躍在臨床醫界與學術界，四十四歲時成為巴黎大學醫學院的教授。

除了身為天才型醫師之外，布羅卡也是相當有成就的人類學家。差不多就在取得醫學博士學位的同時，布羅卡與一些具有自由思想的同好創立了前衛社團，宣揚當時尚被視為「異端」的查爾斯・達爾文的學說。布羅卡的理性無神論立場鮮明，曾經說過一句名言：「我寧願自己是變形過的猿猴，也不願當亞當的退化子孫。」（I would rather be a transformed ape than a degenerate son of Adam.）這一點讓他與當時的教會，甚至與自己的保守家庭衝突不斷。

布羅卡對此毫不在乎，因為他明白，任何敢於直視真相並揭示真相的科學家的所言所思，必定會與基督教教義產生矛盾，所以跟教會的衝突是不可避免的。越來越多的好心朋友怕布羅卡會因而吃大虧，規勸他還是不要太公然挑戰教會。布羅卡對此的回應，是在一八五九年創立了巴黎人類學學會（Society of Anthropology of Paris），而後在一八七二年創辦了《人類學評議期刊》（*Revue d'anthropologie*），一八七六年創立了人類學研究所（Institute of Anthropology）。在這些舞臺上，布羅卡與同好們可以避開教會的監督，自由自在地研究與討論重要的人類學課題。法國教會對此顯然並不開心，一直想要壓制人類學的發展，甚至還試圖禁止人類學研究所的所有教學活動。

※查爾斯・達爾文（Charles Robert Darwin），1809–1882，英國自然學家、地質學家兼生物學家，為現代演化論開山鼻祖。

身兼醫師與人類學家的布羅卡，對大腦的熱情遠遠超乎一般醫師。從他對動物與人類大腦的大量研究，以及所發表的論文方向來看，布羅卡對大腦的認識與興趣，顯然不僅止於對個別病患的診斷目的。他承繼了達爾文的演化學說，從悠長的動物演化史角度，尋找不同物種之間大腦的共通點與相異點，試圖說明我們的大腦是如何從原始物種走到現在這一步。而作為學識與經驗俱佳的臨床醫師，布羅卡又比一般人類學家多了一大優勢，就是他有機會實際觀察到大腦的病變會如何影響到人。

一八六一年，三十七歲的布羅卡醫師在醫院照顧名叫路易士．維克多．里邦（Louis Victor Leborgne）的病人。布羅卡與里邦這一次相遇，從此改變了腦科學的面貌。

里邦自小就患有癲癇症，從三十歲開始變得不會講話，到了四十歲，他的右邊手腳越來越沒力，但還能做些小手工維生，可是右手和右腳的病情持續惡化，四年後已經完全沒辦法動，只好住進了巴黎的療養院。除了不能講話以及右側偏癱之外，里邦的健康良好，智能也完全正常。由於不管別人問他任何問題，他都只會回答「譚，譚」（Tan, Tan），以至於時間久了之後，所有人都開始用「譚」這個綽號來稱呼他，反而忘了里邦的本名。他自己雖然只能說出「譚」這個字，卻能夠正確理解所有別人說的話，並且用手勢表達自己的想法。里邦的脾氣不好，若是對方一直看不懂他的手勢，他就會很生氣，偶爾會蹦出一句「天殺的！」，但總是只有這一句。

一八六一年四月十一日，里邦因為右腿的蜂窩組織炎被轉送到布羅卡的醫院。布羅卡為他做了詳細的神經學檢查，發現他右邊偏癱，不能說話，但幾乎可以正確理解別人所說的每一句話，並且用左手做手勢來回答。不幸的是，就在短短六天之後的四月十七日，里邦死了。我們也許不該怪罪主治醫師布羅卡的醫術不佳，畢竟在沒有抗生素的時代，無法有效治療細菌感染，當時的人因為蜂窩組織炎惡化導致敗血症而死並不稀奇。

里邦死亡的當天，屍體進行了解剖，而在次日，布羅卡就在人類學學會的會議中，向其他科學家展示了里邦的大腦。這個具有歷史意義的大腦，後來被保存在皮耶和瑪麗．居里大學（Pierre and Marie Curie University）醫學院的迪皮特朗博物館（Dupuytren Museum）中，直到今天。

里邦的大腦，在左大腦半球的表面有處雞蛋大小的凹陷，其下的腦質有明顯的軟化病變。界線雖不清楚，但受損最嚴重的部分，是左額葉，準確說來是左額葉的「第三腦迴」。這個病變到底是因何而產生，布羅卡本人並不確定，但他認為那一定是「某種血管相關的病因」。後來有其他學者也提出見解，包括腦中風、神經性梅毒或某種慢性腦炎等等。由於里邦的症狀並非突然發生，而是逐年惡化，因此不太像腦中風，神經性梅毒或慢性腦炎似乎是比較好的解釋。

布羅卡發表了關於「譚」的病例後，在法國的科學界掀起了很大的風潮，因為當時的學者正分成兩派，激烈爭論著大腦到底應該是「整體作用」，還是「分區作用」，布羅卡的發現——用他自己的話來說：「我們是用左腦來說話。」——無疑為主張功能分區的學派提供了前所未有的堅實論證依據。

其後幾年間，布羅卡又收集到二十多個類似里邦那樣「聽得懂話但講不出來」的患者，而他們左額葉的第三腦迴，同樣也都可以看到某種病變。於是

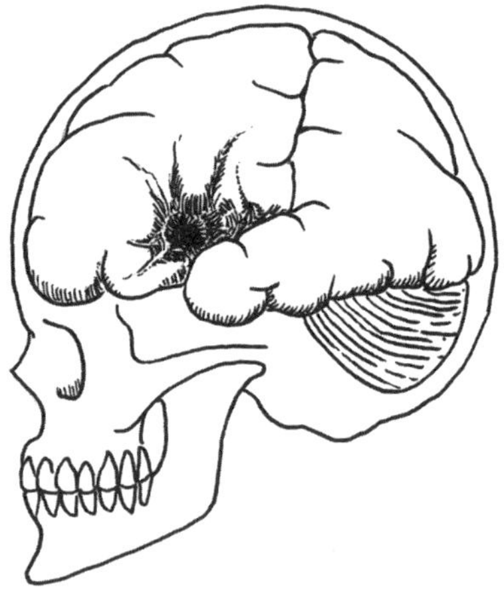

路易士・維克多・里邦（譚）的左大腦病變位置。

※卡爾・韋尼克（Carl Wernicke），1848–1905，德國醫師、解剖學家兼神經病理學家，對失語症有深入研究。

他就在一八六五年發表一篇著名的論文，確立了左額葉的第三腦迴為「發出言語的位置」。自此以後，這個位置就被稱為「布羅卡區」，而這種語言的障礙就被稱為「布羅卡失語症」，寫入所有討論語言障礙的神經學著作中，直到今天。

講話哪有這麼容易

身為思考縝密的科學家，布羅卡在討論他自己的劃時代發現時，顯得相當謹慎。他說，絕大多數的人都慣用右手，因此大多數人的左腦比右腦發達，他們用左腦來掌管語言，自然就順理成章，但既然有少數人是左撇子，想必也有少數人的語言功能是由右腦負責。再者，布羅卡認為並非全部的語言功能都來自左腦的布羅卡區，而是只有語言的「發出」來自這裡，因為這些左腦有病變的病人雖然自己說不出話，卻似乎都能理解別人所說的話，顯然語言的「整體能力」應該不局限在左腦，很有可能牽涉到右腦或兩邊大腦。

卡爾・韋尼克

時代略晚於布羅卡的德國醫師、解剖學家兼神經病理學家卡爾・韋尼克，同時活躍在精神醫學與神經醫學的學術舞臺。韋尼克出道的時候，布羅卡

※狄奧多・梅涅特（Theodor Meynert），1833–1892，德裔奧地利籍神經病理學家和解剖學家，門下人才濟濟，知名的佛洛伊德（Sigmund Freud）便是其學生。

狄奧多・梅涅特

學說以及失語症的研究已經是神經科學的顯學，所以他受到布羅卡很大的影響。然而韋尼克的個人學習背景，促使他採取了與布羅卡不同的角度來思索語言功能的問題。

韋尼克曾經在維也納師從過德國－奧地利的精神科醫師、神經病理學家兼解剖學家狄奧多・梅涅特。梅涅特主要的研究內容與學術看法，在於腦皮質神經元的結構排列，尤其是神經元與神經元之間的「功能連結」。他認為腦的某個區域的神經元活動，會透過神經纖維傳達到其他區域，引起像漣漪一樣的連鎖反應。我們的心智活動並非僅限於大腦一區一區的個別活動，而應該是藉由不同區域的活動互相串連起來才對。

韋尼克研究了許多失語症的病人，對布羅卡的看法提出意見。他發現，固然許多語言有問題的病人在布羅卡區確實有病變，但是也有一些病人的布羅卡區是好好的。此外，雖然有不少失語症病人的臨床症狀很類似布羅卡的描述，卻也有一些病人的症狀與之大不相同。

韋尼克從功能連結的角度出發，在一八七四年提出自己的看法。他認為包括語言在內的心智活動，是以大腦中一個一個的「記憶印象」（memory images）為元件，彼此交互作用而產生。人們自小學習說話，所得到的「聲音印象」（sound images）儲存在大腦顳葉中，而「動作印象」（motor images）則儲存在布羅卡提出的左額葉第三腦迴。正常說話時，必須把顳葉的聲音印象通過神經纖維傳送到布羅卡區，激發起那兒的動作印象，然後再透過神經纖維傳送到腦幹，控制發聲構造的肌肉動作，這才構成整個語言迴路。

因此，韋尼克把負責語言的腦區擴大到包含額葉與顳葉，並且把失語症分為三類：第一類的病變在左側上顳葉迴，病人的「聲音印象」壞掉了，但額葉的「動作印象」是好的，所以病人雖聽不懂話，說話卻很流利，只是說出來的話因為失去了「聲音印象」的自我監測，所以變成胡言亂語。第二類是顳葉的「聲音印象」與額葉的「動作印象」都是健全的，但兩者之間的連結纖維壞掉了，此時病人理解語言以及流利說話都沒有問題，但因為自我監測壞掉了，所以會不自覺選擇一些錯誤的字眼。第三類就是著名的布羅卡失語症，只有額葉的「動作印象」壞掉了，所以病人說不出但聽得懂。

被韋尼克列為第一類的「聽不懂話但說話很流利，會亂亂講」的失語症，從此也就套上了韋尼克的名字，被稱為「韋尼克失語症」，左側上顳葉迴的位置，也就被稱為「韋尼克區」，同樣寫入所有討論語言障礙的神經學著作中，直到今天。

布羅卡與韋尼克的局限

布羅卡與韋尼克的發現與理論，為大腦的語言功能創建了相當合理並且好用的模型，讓之後的醫師、神經科學家以及語言學家有所遵循。然而就如同所有其他科學上的偉大發現一樣，隨著時間前進，必然受到越來越多的檢驗。由於科技與儀器的日益進步，病例的病變位置定位越來越精確，布羅卡以及韋尼克的定位，也就免不了被不斷拿出來重新審視。

首先，人們發現典型布羅卡失語症的病人，他們的腦部病變經常超出了布羅卡區的範圍，甚至仔細檢視布羅卡最出名的首例病人「譚」的那顆還保留在迪皮特朗博物館的大腦時，同樣發現其病變也超出布羅卡所描述的範圍。其次，布羅卡與韋尼克對病人的檢查方法，並不特別精確詳細，經常沒有包括正規的語言測試，或只是根據旁人轉述症狀，這樣一來，對語言功能的定位就會流於粗略，無法符合現代神經科學的精確要求。

此外，大量新病人的資料顯示，典型布羅卡或韋尼克失語症的病人，病變未必就在布羅卡區或韋尼克區，反之亦然。如果把布羅卡與韋尼克的語言功能定位當成「定律」，臨床表現與病變位置的關係不符合定律的「例外」情況，要比符

※亨利．海德（Henry Head），1861–1940，英國神經學家。
※寇特．郭德斯坦（Kurt Goldstein），1878–1965，德國神經科醫師兼精神科醫師。
※諾曼．賈許溫德（Norman Geschwind），1926–1984，美國行為神經病學先驅。

合定律的「常態」情況還要多。換句話說，布羅卡與韋尼克原創性的發現與理論，固然把語言的功能成功放到了左邊的大腦，並且可以解釋許多病人的失語症狀，然而若是想憑著他們的分區來進行更精確的定位，或是解讀大腦的哪個位置負責哪種語言功能，就經常會碰壁。

這個情況促使二十世紀一些學者，例如英國的神經科醫師亨利．海德、德國的神經科醫師兼精神科醫師寇特．郭德斯坦，以及美國的行為神經科學家諾曼．賈許溫德等人，開始以更「全貌性」的角度來看待語言的功能。也就是說，語言的執行應該是比之前所知的更複雜，牽涉的大腦活動可能更為廣泛，不能只用狹義的功能分區理論來理解。

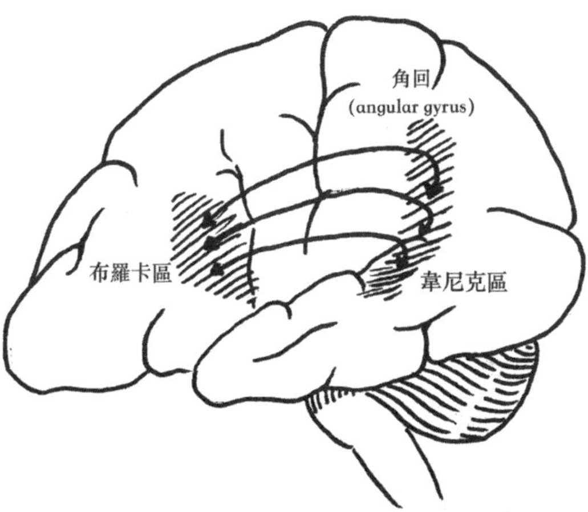

韋尼克區與布羅卡區間的連結合作。

一直到二十世紀的後半為止，腦科學家與醫師對人類語言功能的探索與理論脈絡，絕大部分還是來自於對失語症病例的研究，也就是拿腦病變的位置，與語言障礙的形態來互相對照，從而推論腦皮質的哪個位置可能負責哪類語言功能，就像布羅卡與韋尼克所做的那樣。但也正是因為發現許多例外，讓人們開始思索上述方法的局限性。

大腦裡的生產線

首先，眼睛所能看見的腦病變位置，並非總是界線分明，就算是界線分明的病變，也不保證它沒有損害到其他位置，畢竟不同腦區之間有著大量互相的連結，彼此依存。其次是語言本身的複雜性問題，例如對單字的理解、對句子的理解、能否正確組織文法，甚至對「弦外之音」的心領神會等等，每一種功能可能都牽涉到不同的腦迴路，但失語症病人所表現出來的語言障礙幾乎總是混合而複雜的，並不單純。因此，若硬要把某些特定腦區域位置與語言這個包羅萬象的功能劃上一對一的連結，顯然會有過度簡化的失誤。再者，人類的大腦具有相當程度的可塑性，當一部分的腦區域毀損之後，其他腦區域會試圖取代它失去的功能，所以我們看到的腦病變位置，未必就反映它原先所負責的功能。

從二十世紀末到本世紀初，新興的功能性神經造影（包括功能性磁振造影）的發達，讓科學家能夠即時監看人的腦部活動，這種技術配合種種心智功能的測試方法，令我們對腦的功能有了超乎以往的認識。以語言功能來說，新科技就讓我們有機會看到正常人在執行特定的語言功能時，腦部正在發生什麼事。

科學家就此所得到的新發現，有一部分印證了前賢的想法，比方說，任何語言的功能都是左腦為主的活動。換言之，「我們用左腦來說話」這句話，從布羅卡開始就是正確的。然而進一步細看左腦的這些活動，卻讓我們發現一些前人所不知道的事實：語言功能並不像之前從布羅卡與韋尼克的研究所推斷的，「只分為表達與理解，前面的額葉負責表達，後面的顳葉負責理解」那樣單純。

功能性磁振造影的研究顯示，語言所動用到的腦區相當廣泛，遠遠超過了布羅卡區與韋尼克區的範圍，甚至超出了大腦皮質，還包括了深處的基底核，甚至小腦。若把複雜的語言功能細分成比較單純的「次功能」來測試，會發現每一種次功能都是由一組特定的腦迴路來負責。比方說，「句法」、「語音」與「句子理解」這三種不同的測試，便會帶動個別不同的腦區塊鏈，光是「句法」這個工作，就是由左側的「外前運動區皮質」（lateral premotor cortex）以及「下額葉迴島蓋部」（opercular parts of inferior frontal gyrus）來協力完成。其他次功能，也都各會帶動不同位置

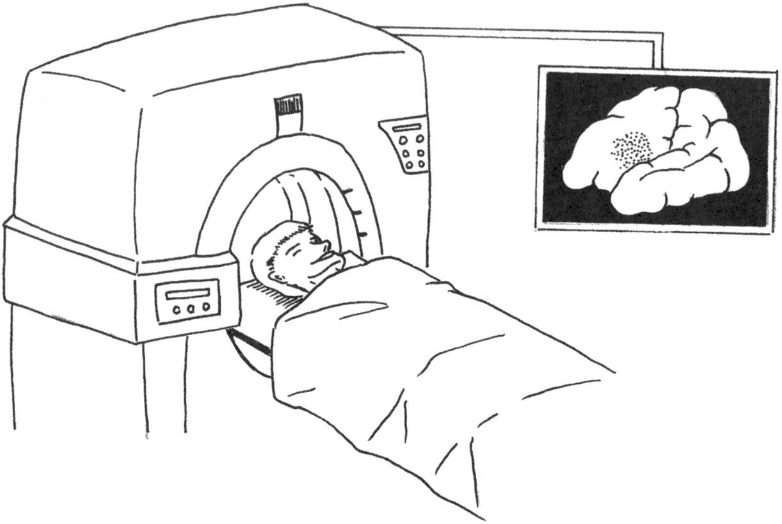

功能性磁振造影讓科學家即時看見人在說話時大腦的活動。

與性質的腦區塊鏈。

從人們多年來對語言這件事的腦科學研究，就可以看出大腦的世界是多麼神奇，像「說話」這麼看似簡單直觀的事，其實仍非常難以索解。就算是掌握了最新科技的當代腦科學家，目前對於人類語言的神祕，依然只能稍窺堂奧，離登堂入室還遠著。其根本的原因，還是在於語言本身的複雜性，以及它所牽涉到腦活動的廣泛性。但就目前擁有的有限科學事實來說，我們也許可以簡單理解如下：把語言比喻為精密的機器——例如手錶，大腦是生產這只手錶的工廠，針對這手錶裡面的每一個齒輪、每一根彈簧、每一顆螺絲，這工廠裡面都有獨立的生產線負責，這些精密的零件一一無誤地製造出來之後，還需要另外的生產線把它們完美組裝到一起。

我們目前大概可以掌握到這個工廠的龐大與複雜程度，但對於它裡面的每一條生產線，甚至生產線中的每一個環節卻仍然所知有限。所以，當看到完美無誤的手錶時，我們大概可以推測這間工廠的每個部分都沒有問題；但當看到有瑕疵的手錶時，我們也許只能搔搔頭，搞不太清楚生產過程中哪條或哪幾條生產線出了問題，除非這個瑕疵非常典型與單純，一望而知該要怪罪誰。

像布羅卡與韋尼克，以及其他許多投入腦的語言功能研究的早期科學家，他們最大的貢獻與最厲害的地方，是他們與同時代的大部分人不同，並不把人的語言功能視為理所當然的神的恩賜，而是在看著語言這只精密的手錶時，率先想到它後面必然存在著龐大的工廠，甚至在看到某些手錶的瑕疵時，能夠推想出背後的生產線運作方式。

後繼的科學家站在這些巨人的肩膀上，走上了正確的道路，才促成腦科學不斷進步。人們對於大腦生產語言方式的推論，從十八世紀之前的「渾然一體，無跡可循」，經過十九世紀到二十世紀的「分區負責，涇渭分明」，一直到今天的「多方協作，配合無間」，走了相當長的路，也獲得非常大的成就，今後想必也會有更多、更有趣，也更逼近於真相的新發現繼續出現。

自我的證明——記憶

大腦才是我們的本體，

而我們用記憶來定義自己。

※希波克拉底（Hippocrates），西元前460–西元前370，西方史上首位醫師，被尊稱為「醫學之父」，其所訂立之醫師誓言沿用至今。

希臘神話中的冥界，有一條「忘川」（Lethe），每一個到此的靈魂喝了忘川之水，就會馬上失去自己一生的記憶。無獨有偶，中國傳說中的陰間，也有一條忘川，差別只在於川邊還有孟婆，親切地奉上孟婆湯。靈魂喝了孟婆湯，也是馬上失去自己一生的記憶。所以，不管中西方，失去記憶都象徵著與過去訣別。

我們用記憶來定義我們自己。仔細想想，人生一切俱是身外之物，只有記憶屬於自己。西方自古以來的哲學家，有許多位都把「記憶」與「自我」當成是同一件事。也就是說，我們的自我，完全由我們的記憶來界定，「自己記得什麼」幾乎就等同於「自己是誰」，不是嗎？記憶的重要性不言可喻。然而就如同對其他許多重要的事物都一知半解一樣，人們對記憶這件事的探索也起步得相當晚。

重新發現「記憶」

醫學之父希波克拉底早就觀察到，頭部受到重擊的病人會喪失記憶，所以他正確地判斷人的智能所在應該是大腦，但這個灼見很快就被人忘記，沒有成為西方思想的主流。其後的大哲學家亞里士多德，就誤把智能的位置放在了心臟，對記憶談不上有真正的認識，對它也沒有發表過什麼見解。連對西方醫學影響甚巨的羅馬蓋倫醫師，在他的大批醫學著作之中，也完全沒有討論到任何有關記憶的事。

※班傑明・布洛迪爵士（Sir Benjamin Brodie），1783–1862，英國生理學家和外科醫師，是研究骨骼與關節疾病的先驅。

為什麼像記憶這樣重要的東西，會被古代的醫學家忽略？也許是因為它看不見，摸不著，人人有體驗，卻沒人能掌握，所以從古希臘、羅馬開始，一直到整個歐洲中世紀結束，記憶都只是哲學家與文學家思索清談的題材，沒有受到醫學界多大的關注。

一直到了文藝復興時期，人們才把記憶當成是獨立的智能來看待。由於當時的醫學界大多認為智能位在大腦的腦室之中，所以記憶這一項智能的位置，也就被編派到了最後面的那個腦室裡面。到了十七世紀，英國的湯瑪士・威利斯醫師總算把記憶正確放到了它該在的地方──大腦皮質。儘管如此，在其後一百多年間，醫學界對記憶的本質以及失憶的病症還是少有提及。

從十九世紀開始，醫學界終於開始注意到記憶的奧妙。主要的原因是當時出現許多奇特的失憶症病例，被一些有心的醫師仔細觀察並且詳細記錄了下來。這些病例的症狀細節非常奇妙，吸引了大眾的注意，促使人們開始省思記憶在人類智能當中的獨特地位。

英國御醫班傑明・布洛迪爵士觀察了許多因頭部受傷而暫時失憶的患者，詳細記錄他們的記憶損傷症狀。布洛迪發現，頭傷後的記憶喪失可以分為兩類：第一類是傷者忘掉了頭傷那一瞬間之後的某段時間內所發生的任何事，第二類則是

※羅勃·鄧恩（Robert Dunn），1799–1877，英國外科醫師，也是顱相學家。

傷者忘掉了頭傷那一瞬間之前的某段時間內所發生的任何事。布洛迪把前者那種受傷之後的記憶空白稱為「順向失憶症」（Anterograde amnesia），而把後者那種受傷之前的記憶空白稱為「逆向失憶症」（Retrograde amnesia）。這是醫學史上首度有人注意到記憶的功能也許不是那麼單一，起碼可以觀察到「新形成的記憶」與「原本已經儲存的記憶」兩種。

稍晚一些的英國醫師羅勃·鄧恩，則可能是醫學史上第一位詳細描述長期失憶症患者生活細節的醫師。一八四五年，他記錄了一位年輕女病患，她因為溺水導致腦缺氧以及癲癇。在整整一年裡面，每一天對她來說都是嶄新的一天，因為她完全沒有前一天的記憶。

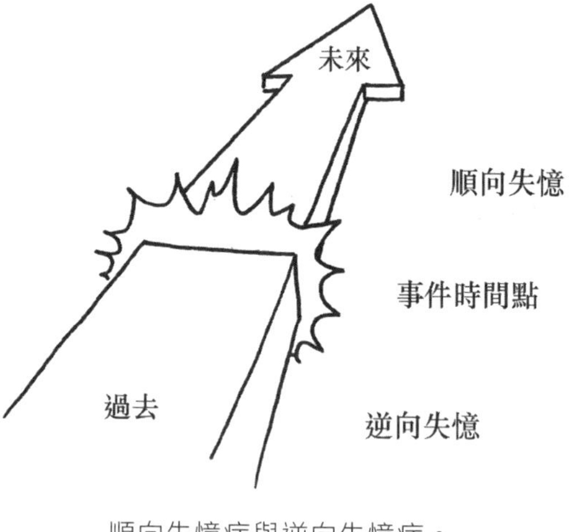

順向失憶症與逆向失憶症。

※特阿杜勒・里博（Théodule Ribot），1839–1916，法國心理學家，是法國科學心理學的開創者。

但是在這段期間，她還能學會做衣服，只要有人每天都提醒她前一天做到哪裡就好。這個特異的現象後來被當成確切的醫學例證，說明記憶的功能不是單一的，「習慣成自然」的長久記憶，比起接觸到新事物的當下記憶，更經得起考驗。

同一時期的許多醫師與學者也陸續發表了形形色色的失憶症狀，並且對記憶功能的特色以及生理基礎提出自己的看法。其中最值得注意的，是法國的心理學家特阿杜勒・里博。里博雖是心理學家，卻相當熟悉臨床神經學，他收集整理了種種失憶病患的病情，於一八八二年寫成《記憶的疾病》（*Diseases of Memory*）一書，可算是史上對人類的正常記憶與記憶異常，提出完整理論見解的第一人。

特阿杜勒・里博

里博提出，對近期事物的記憶是最不穩定、最容易被破壞的，因為它並沒有經過多次的重複與組織，也就是未經鞏固，而陳舊的老記憶則因為經常被拿出來重複與再組織，所以就要穩定得多。他認為順向失憶症來自於「登錄」與「儲存」功能的損傷，而逆向失憶症則是已儲存記憶的毀壞。他甚至在科學家對腦細胞的作用方式還不是那麼清楚的當時，就已經對記憶保存的生理機制提出了自己的推論，認為那應該來自於「複雜的腦細胞群的結構改變」。

※卡爾·拉士萊（Karl Spencer Lashley），1890–1958，美國心理學家，對學習和記憶研究有卓著貢獻。

記憶有兩種

到了二十世紀的前半，腦科學家開始積極尋找記憶在腦中的位置，起初並不順利，當時在這個領域的代表性人物，是美國的心理學家卡爾·拉士萊。他在實驗室訓練一批老鼠，先讓牠們產生某種特定的記憶，然後輪流破壞這些老鼠大腦的不同部位，想找出何處損傷會造成該特定記憶的喪失。這個看似很周密、很合邏輯的實驗方法，卻讓他不斷碰壁，他一直沒辦法找到負責老鼠記憶的特定腦部位。結果他只好下了這樣的結論：記憶損傷的程度只跟大腦受傷區域的大小有關，而跟位置無關。

記憶在腦中特定位置的第一個證據，並不來自於老鼠實驗，而是來自於對人類的研究。蒙特婁神經醫學中心的神經外科醫師懷爾德·潘菲爾德用切除部分腦皮質的手術方法，治療了上千名癲癇病患。在手術中，為了正確定位應該切除的部位，潘菲爾德會用微量電流來刺激暴露在外的大腦皮質，誘發病人的動作或者感覺反應。一九三六年開始，潘菲爾德醫師發現在刺激一些病人的顳葉時，會喚起他們早年的記憶，因此他推論人類大腦的顳葉與記憶之間應該有著某種特別的關係。（參見〈大腦地圖〉一章）

※威廉・畢雪・史可維爾（William Beecher Scoville），1906–1984，美國神經外科醫師。
※布倫達・米爾納（Brenda Milner），1918–，英裔加拿大神經心理學家，年屆百歲仍參與研究。

手術前的亨利・古斯塔夫・莫萊森（H. M.）。

後來真正為顳葉在記憶上的獨特地位提供決定性證據的，是美國的神經外科醫師威廉・畢雪・史可維爾與神經心理學家布倫達・米爾納，還有他們的病人亨利・古斯塔夫・莫萊森（Henry Gustav Molaison）。醫學文獻上，都以H.M.這個縮寫來稱呼亨利・古斯塔夫・莫萊森這位歷史性的病患。H.M.從童年起就因為頭部受傷而罹患了頑強型癲癇症，最後終於因為病情太嚴重，於二十七歲時接受了史可維爾醫生的腦部手術，切除了兩邊的內側前顳葉。他在接受那個手術時並沒有預料到，自己會成為全醫學史上最出名的失憶症患者。

手術之後，H.M.的癲癇症雖然得到了控制，手術卻也帶來了預料之外的副作用，就是嚴重的失憶症。由於失憶症太過嚴重，H.M.喪失了獨立生活的能力，因此從一九五七年開始，他就一直住在看護中心裡生活，同時不斷接受科學界對他的研究，直至二〇〇八年去世為止。當時的主要研究者，就是布倫達・米爾納。

H.M.的性格沒有改變，智商也沒有退步，但是他完全喪失了「形成新的記憶」的能力。換句話說，他記得兒時的經歷，也記得多年前生命中發生過的小事，但是他不記得上一餐吃的是什麼，甚至吃過了沒有也不知道，所以有時候他會再吃一次。每一天醫生來檢查他時，都必須重新自我介紹一次，因為他已經完全不記得自己前一天見過這位醫生。他會一遍又一遍地重複看電視上播出的同一部電影，每次都以為自己是頭一次看。H.M.後來變得非常出名，但名氣對他來說是真正的「過眼雲煙」，他每次都需要別人重新提醒，他才又重新知道自己原來是名人。

H.M.被切掉的那一塊腦顳葉，主要是稱為「海馬迴」（hippocampus）的構造以及其周邊。Hippocampus這字由希臘文hippokampos而來，hippokampos是替海神波塞冬（Poseidon）拉車的海怪，前半身像馬，後半身像魚。我們腦中這個海馬迴，還有在海洋中游來游去的可愛小海馬，都是因為形似傳說中的海怪而得名。

H.M.的事件，證明拉士萊「記憶損傷的程度只跟大腦受傷區域的大小有關，而跟位置無關」的理論是錯誤的，確實有某些部位（像顳葉的海馬迴），跟記憶功能有著非比尋常的關係。海馬迴對於新記憶的生成，具有決定性的影響，人如果像H.M.一樣沒有了海馬迴，或海馬迴受到疾病侵襲，他就很難形成新的記憶，但之前已經存在的長期記憶則不受到影響。所以合理的推論是：鞏固過的長期記憶，顯然應該儲存在海馬迴以外的地方。

米爾納對H.M.的長期研究，貢獻不只於此。在長期與H.M.相處的過程中，米

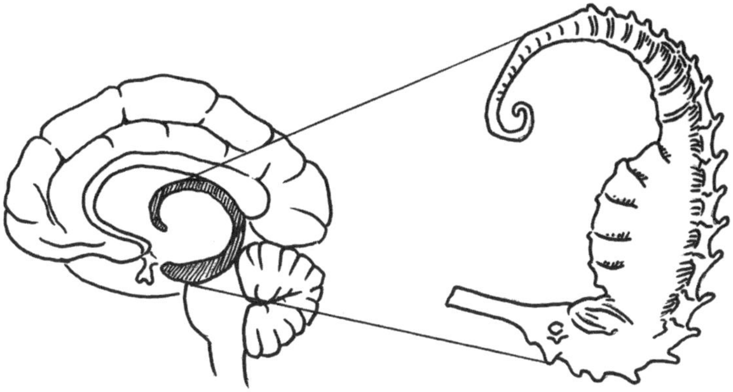

長得像海馬的海馬迴。

爾納與其同儕發現另一件奇妙的事：H.M.雖然沒有辦法生成新的記憶，但卻有辦法學習新的技巧。她讓H.M.練習對著鏡子畫複雜的圖形，反覆訓練之後，H.M.的畫圖技巧有了明顯進步，但他卻否認自己有練習過。這個看似自我矛盾的現象，首度證實了人類的記憶功能至少還可以分出兩個記憶系統：「外顯性記憶」（explicit memory）與「內隱性記憶」（implicit memory）。

簡單來說，外顯性記憶（又稱敘事性記憶，declarative memory）在意識層面，說得出來；而內隱性記憶（又稱非敘事性記憶，non-declarative memory）則在意識之下，說不出但做得到。比方說，我們能記得小時候第一次學騎腳踏車的過程、爸爸媽媽在旁邊保護的神色與叮嚀，或是摔下車時的痛覺，這些都是外顯性記憶。但騎腳踏車的技術慢慢進步，很久沒騎後仍能不假思索騎上腳踏車而不會摔倒，則是歸功於內隱性記憶。

自從米爾納在H.M.的身上，確立了記憶的非單一性之後，腦科學家對記憶的研究進入了新的境界。根據對其他形形色色的失憶症病患以及正常人所做的實驗進一步發現，外顯性記憶系統與內隱性記憶系統的自身也不是功能單一的，還可以細分出它們自己的亞系統，並且分別牽涉到大腦中不同的構造位置。

藉著對人類病例的深入研究，科學家對於記憶的特質，已經有了比以前清楚

非敘事性記憶與敘事性記憶。

※艾瑞克・肯德爾（Eric Richard Kandel），1929–，猶太裔美國醫師暨神經科學家，2000年獲諾貝爾獎。

得多的了解，然而仍有一個更根本的問題尚待解決，也就是記憶到底是如何生成的？它是經過腦子什麼變化而產生？要初步回答這些問題，科學家沒辦法在人類身上得到客觀的資料，而必須要回頭做動物實驗。

海蛞蝓的記憶訓練

針對記憶的動物實驗，在猶太裔的美國醫師暨神經科學家艾瑞克・肯德爾的手中，獲得了非凡成果。肯德爾在童年時，因為猶太人的身分，家庭遭到納粹警察迫害，造成他一輩子的創傷記憶。他認為自己對記憶的本質之所以會產生這麼強烈的研究興趣，正起源於在維也納這段童年的心理創傷。他尤其經常省思，為什麼像德國人這樣在音樂、藝術等各方面都非常優秀的民族，卻可以對其他民族做出如此凶殘的暴行？尋求這個答案的強烈欲望，就驅使他走上了精神醫學與腦研究的道路長達一輩子。

艾瑞克・肯德爾

肯德爾對米爾納在H. M.身上的發現相當著迷，所以他早期的研究都集中在動物腦海馬迴的電位變化，並且取得了很大的成就。但是他很快就發現，海馬迴的構造太複雜，而記憶的奧祕絕對沒辦法用海馬迴中單一神經元的電位變化來解開。他認為記憶的生成一定跟神經細胞之間的「連結」有關，而想要找到這個關係，太複雜的腦構造反而是不利的因素，所以他就把腦筋動到了神經構造特別簡單的海洋動物——海蛞蝓的身上。肯德爾採用的是比較大型的海蛞蝓，稱為海兔（Aplysia）。

海蛞蝓是肯德爾的完美實驗動物，因為牠的中樞神經系統非常簡單，只有兩萬個左右的神經元，並且每一個神經元的尺寸都很大，連同它們彼此之間的連結方式，在顯微鏡下都可以看得清清楚楚。最妙的是，雖然神經系統構造簡單，海蛞蝓卻仍然可以經由訓練學習，產生新的記憶。

肯德爾對海蛞蝓的訓練分成三種：

一、輕觸海蛞蝓的虹吸管。這個無害的刺激，一開始會讓海蛞蝓的鰓產生敏感而劇烈收縮，然而在反覆幾次刺激後，海蛞蝓「學」到了這個刺激是無害的，它的收縮反應就變得越來越小，這叫作「習慣化」（habituation）。

二、用電極刺激海蛞蝓的尾部。這種不舒服的刺激，也會讓海蛞蝓的鰓收縮，在反覆幾次刺激後，海蛞蝓「學」到了這個刺激是有害的，它的收縮反應就變得越來越大，這叫作「敏感化」（sensitization）。

三、同時輕觸海蛞蝓的虹吸管並且用電極刺激海蛞蝓的尾部。它的鰓當然會

※伊凡・巴夫洛夫（Ivan Petrovich Pavlov），1849–1936，俄羅斯帝國生理學家、心理學家、醫師，以研究古典制約知名，1904年獲諾貝爾獎。

因此劇烈收縮，在反覆幾次刺激後，停止電極刺激尾部，只輕觸牠的虹吸管，結果這個原本無害的刺激，卻讓海蛞蝓「聯想」到了尾部的刺激，從而產生了一樣劇烈的收縮，這叫作「古典制約」（classical conditioning）——類似鼎鼎大名的巴夫洛夫對狗所做的實驗發現。

海蛞蝓在受過這三種訓練之後，產生了之前並不存在的新行為，這顯示訓練確實形成新記憶。有趣的是，這種記憶生成後的持續時間，跟訓練時所受到的刺激強度與次數相關：比較低強度、少次數的刺激，只能產生數分鐘的短期記憶；而比較高強度、多次數的反覆刺激，則可以製造出長達數週的長期記憶——讓人聯想到這跟人類的短期與長期記憶的形成方式很類似。

肯德爾與其團隊對海蛞蝓學習和記憶的研究，最重要的是發現了短期記憶和長期記憶的發生地點，都是在海蛞蝓的鰓收縮反射路徑中的神經元突觸，也就是神經元與神經元之間互相接觸，藉著神經傳導物質來傳遞訊息的所在。進一步研究發現，「習慣化」的產生，是由於突觸的神經電位漸減；而「敏感化」與「古典制約」的發生，則是由於突觸的神經電位增加。至於較強和較久的刺激所形成的長期記憶，就遠不只電位變化那麼簡單。較強和較久的刺激，會影響神經元的細胞核合成新的蛋白質，導致突觸的形狀和功能發生改變，也就是所謂的「突觸可

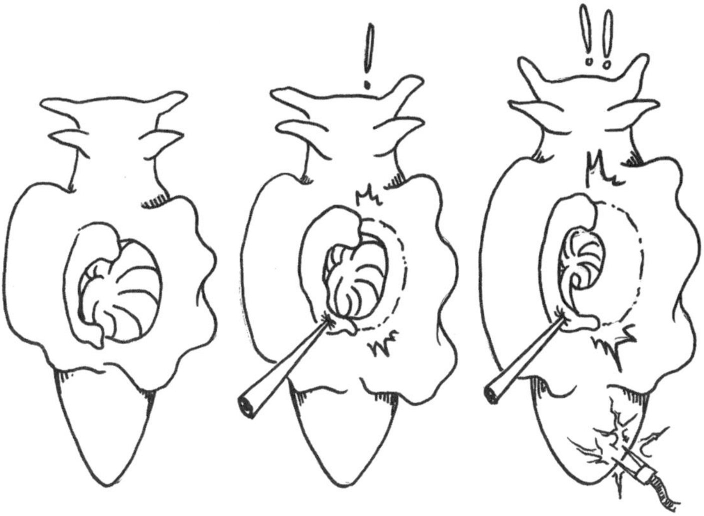

海兔經由「學習」學會了過激的鰓收縮反應，
艾瑞克．肯德爾藉此找到腦中發生記憶的所在。

塑性」(synaptic plasticity)。

肯德爾的研究，首度在神經細胞與分子的層面，為神祕的記憶功能提供了生理的解釋。他從六〇年代就開始進行這方面的研究，此後孜孜不倦，一直延伸到更高等的動物。他的成果成為此後腦科學家對動物甚至人類進行記憶研究的基石，也因此肯德爾在二〇〇〇年獲得了諾貝爾獎。

二十世紀後半以至於二十一世紀初，科學家對記憶的研究就是奠基在以下兩個認知基礎上來進行：

一、記憶的印跡是物理上的，而非「形而上」的。

二、記憶的印跡可以在腦中看到。

結論說起來輕鬆，其實卻是花了人類幾千年的時間才終於踏上這條正確的研究道路。

記憶的印跡

記憶在神經細胞與分子層次的奧祕，目前還很難從複雜的人腦上看清全貌，然而大量的動物實驗，尤其是用新一代科技在老鼠身上所進行的實驗，已經大大拓展了我們對記憶真相的認知。目前的種種實驗證據顯示，「記憶印跡」(engram)

的概念，可能正是解開記憶之謎的鑰匙。

所謂的「記憶印跡」，意思是某項特定的記憶，就由某群特定腦細胞的變化來負責。

現代的科學技術有時如同科幻想像一般驚人。科學家已經有能力隨意「開」、「關」、「修改」老鼠腦中任何一群神經細胞的活動，然後依據老鼠學習某種行為的表現，精確辨認其中特定的記憶各是由哪些神經細胞的何種變化所產生。

這方面研究的主要突破性發現如下：

一、老鼠在學習新技巧時，只有特定的一群神經細胞會激活，日後如果用外力去刺激這些細胞，這項記憶就會被誘發出來；若是用外力去抑制這些細胞，這項記憶則會暫時喪失；但如果把這些細胞破壞掉，老鼠的這項記憶將會永久消失。換句話說，只要這些細胞沒死，總有辦法透過一些刺激喚回記憶。

二、老鼠的新記憶形成，仰賴於新蛋白質的生成，以及細胞間突觸連結的生長與強化。一旦用外力阻擋這些蛋白質生成或突觸強化，新記憶就沒有辦法形成。

三、得了早期阿茲海默症的老鼠，突觸的強度及數目都會減低而造成失憶。然而若是直接刺激相對應的記憶印跡，此一記憶又會浮現出來——暗示它只是暫時不能活化，卻可以透過外力來「喚醒」。

從過去對記憶的浪漫想像以及胡亂猜測，發展到今天記憶的奧祕初露曙光，人們已經走了相當長遠的路，以後將會有更長的路要走。為什麼對記憶的了解如此重要？我想主要是基於人類對於「自我」的好奇。如同福爾摩斯對華生所說：「我就是一個腦，華生，我的其他部分都只不過是腦的附屬品而已。」（I am a brain, Watson. The rest of me is a mere appendix.）大腦才是我們的本體，而我們用記憶來定義自己。

其次，人類的壽命日趨延長，無可避免會伴隨記憶的逐漸衰退，而記憶的衰退，不啻為自我的慢慢消失。現今人類對記憶本質的科學了解不斷成長，極有可能在不久的將來，終能找到記憶衰退的解決之道，讓人能更長遠地保有獨一無二的自我。

看見與看懂

視覺認知分成兩個層次：

一個是知覺（形態），另一個是聯想（意義）。

凱撒大帝說：「我來，我見，我征服。」（VENI VIDI VICI）蘇東坡說：「耳得之而為聲，目遇之而成色。」自古以來，人們睜開眼睛就看到東西，看到東西就能分辨東西、認識東西，這一切都顯得那麼理所當然。所有人也都知道，人能看到東西，是拜健全的雙眼所賜，眼睛若是受傷或生病，人就看不清或看不見了。既然如此，人有眼睛，能看到東西與認識東西的這個現象，還有什麼值得討論的嗎？通常，越是看起來理所當然的事物，人們對它的好奇心就越小，對它的探究也就起步得越晚，「視覺認知」即是很好的例子。

早在古希臘與羅馬時代，以至於中世紀的哲學家與醫學家，就已經很直觀認識到眼球是視覺訊息進入的地方，至於眼球後方那條視神經，則把它看作是神祕的「視覺靈力」的通道。文藝復興以後，解剖學興盛起來，大腦在意識、認知與智能上的角色漸漸明朗，人們大致能確認視覺訊息通過眼球與視神經後，最終還是要傳入大腦。可是，眼睛看到的影像進入大腦後去了什麼地方呢？到了那兒之後，又發生了什麼事呢？先天眼盲的人，長大後眼睛治好，突見光明，看到所有的東西卻一件也不認識；而後天眼盲的人，雖然現在什麼都看不到，但只要跟他說到某件他以前曾看過的東西，他的腦中馬上就浮現出它的清晰形象。這又是怎麼回事呢？

古人對視覺訊息進入大腦後所發生的事只能想像。

※約翰・休林斯・傑克遜（John Hughlings Jackson），1835–1911，英國神經科醫師，致力於癲癇的研究。
※古斯塔夫・西奧多・弗里奇（Gustav Theodor Fritsch），1838–1927，德國解剖學家兼生理學家。
※愛德華・希茨格（Eduard Hitzig），1838–1907，德國神經精神科醫師，與弗里奇一同進行電流刺激狗大腦皮質的研究。

皮質性盲與智能性盲

十九世紀的神經科學家對大腦的祕密懷抱著拓荒者般的興奮，他們當時的研究也時而產生劃時代的發現。比方說，法國醫師皮耶・保羅・布羅卡發現，左側大腦皮質的特定位置負責人類的語言功能。差不多同一時期的英國神經科醫師約翰・休林斯・傑克遜專門研究癲癇，他觀察到一些部分型癲癇的患者發作時，抽搐的動作都是從一邊的手開始，而後蔓延到同側的臉部。他因而推論大腦皮質一定是由某個特定區塊來負責身體的某個特定部位，這樣才能解釋部分型癲癇發作時，腦皮質上電波的擴散對應了肢體抽搐動作蔓延的現象。

傑克遜對病人的觀察與推論合情合理，促使德國解剖學家兼生理學家古斯塔夫・西奧多・弗里奇與神經精神科醫師愛德華・希茨格合作，設計了在當時破天荒，從今日的眼光來看也有點異想天開，又有點殘忍的動物實驗。

弗里奇與希茨格把活生生沒有麻醉的狗的頭蓋骨打開，用電流來刺激狗的大腦皮質，然後觀察狗的肢體動作。他們發現電刺激一邊的大腦皮質，會引起對面那一邊肢體肌肉的抽搐，並且這些反應是可預測的。也就是說，刺激腦皮質的某個特定位置，就必然會引起某些特定肌肉群的抽搐。弗里奇與希茨格的動物實驗

※赫爾曼·蒙克（Hermann Munk），1839–1912，德國生理學家，發現枕葉對視覺的關鍵作用。

赫爾曼·蒙克

結果為傑克遜醫師的理論提供了鐵證，後人就把他們所刺激的這個會引起對側肢體肌肉活動的皮質區塊，稱為「運動皮質」。

弗里奇與希茨格的成就，相當程度上激起了其他科學家的雄心壯志。其中一位是德國生理學家赫爾曼·蒙克。他心想，既然肢體的運動與大腦皮質的位置有直接對應的關係，推而廣之，其他腦功能應該也會有類似的對應關係吧？於是他拿狗與猴子來做實驗以證明自己的想法。他的方法是在實驗動物的大腦皮質上選定某一小塊區域，然後把它切除，看對這隻動物會產生什麼影響。不同的動物被切除的區域都不一樣，觀察每隻動物手術後的行為表現所產生的變化，就會知道那一塊被切除的大腦原本的功能為何。蒙克的手藝驚人，實驗動物被切除一部分大腦後並不會立刻死亡，甚至可以繼續存活數年之久，這樣一來，蒙克就可以長期觀察動物手術後的症狀，以及痊癒後的情形。

當蒙克切除掉動物兩邊大腦的枕葉皮質後，他發現這隻動物就看不見了，盲了——當然，動物的眼球與視神經都是健康的。這件事以前沒有人發現過，它證明了視覺是由大腦皮質的特定區域——也就是枕葉——所負責。蒙克把這種切除枕葉所導致的盲，稱作「Rindenblindheit」，翻成英文是「皮質性盲」（cortical blindness），以與一般眼睛或視神經病變造成的眼盲相區別。

接下來，蒙克進一步試著把枕葉切除的區域縮小一些，換換位置，測試枕葉的哪個地方才最重要。結果，當他只切掉枕葉後方尖端的一小部分時，奇妙的事發生了，實驗動物看起來並沒有瞎，牠還是能找得到路，走來走去不會撞到東西或絆倒，但是卻變得不再「認識」東西了。比方說，牠不再能分辨平常負責照顧牠的那位實驗員，看到平常喝水的水盆好像忘記那邊可以喝水，認不出平時餵食牠的食物盤子，但若是讓牠聞到裡面食物的味道，牠又馬上就知道那就是食物盤。

蒙克把這種新發現的視覺障礙稱作「Seelenblindheit」，翻成英文是「智能性盲」（psychic blindness）。蒙克認為那個區域儲存了視覺的記憶，所以切除後才會導致看得見卻認不得的特異現象。這些動物的智能性盲，一般來說在幾個禮拜後會漸漸恢復正常，蒙克因此推測，那是因為周遭未被切除的皮質區域，隨著時間過去又慢慢裝滿了新獲得的視覺記憶的關係。

蒙克於一八七八年首度發表了他的研究發現，然後因為有點學術強迫症，又重複了一次自己的實驗，也得到同樣的結果，又於一八八一年發表。他的結論對於視覺的本質以及大腦在視覺功能所扮演的角色有著非常透澈的剖析：首先，眼

※赫爾曼．威爾布蘭德（Hermann Wilbrand），1851–1935，德國眼科醫師。

睛經由視神經傳遞的物體形象，一定要送到大腦的枕葉進行某些處理，我們才看得到。所以就算眼球與視神經完全無恙，枕葉受損也會造成眼盲。其次，所謂的「視覺」並不只有單一功能，「看見」與「認識」是視覺的兩個不同的層次，牽涉到個別相異的大腦位置與機制，缺一不可。蒙克的革命性新見解，在科學界掀起了極大的迴響。

百年前的灼見

約略與蒙克同時期的德國眼科醫師赫爾曼．威爾布蘭德看到蒙克的研究結果，驚為天人，因為威爾布蘭德本來就對腦病導致的「半側偏盲」（也就是病人看不到左半邊或右半邊視野的東西）特別感興趣。他之前已經收集了一百多個病例，其中一些有病理解剖的資料，大多都可以看到病人腦中對側的枕葉有病變存在。威爾布蘭德收集的病例雖多，卻欠缺合理的說法來解釋半側偏盲這個臨床症狀，蒙克的發現正好為自己的觀察與想法提供堅實的理論基礎，也就是枕葉負責視覺，所以單側大腦枕葉的損傷就導致了對側的半側偏盲。

在長期研究偏盲病人的過程中，威爾布蘭德於一八八五年遇見一位症狀特殊的病患。她是六十四歲的女性，在一次腦中風之後，視覺產生了奇妙的變化：她

※海因里希・利索爾（Heinrich Lissauer），1861–1891，德國神經科醫師，曾與卡爾・韋尼克共事。

看得見東西，視力算正常，可以在家鄉漢堡市的街道上走來走去，但是在她眼中，原本很熟悉的街道，現在卻變得非常陌生，認不出哪裡是哪裡、哪家店是哪家店，感覺就好像自己走在從來沒去過的外國城市一樣。另外，當她遇到原本熟識的朋友時，明明看得到他們的臉，卻認不出他們是誰，總是得等到朋友開口說話，聽到了聲音，才恍然大悟認出了對方。這些奇特的症狀，讓她即使只在自家附近散個步，都會感覺非常慌亂。

威爾布蘭德把這個病例寫成詳細的論文發表，呼應了蒙克在動物實驗所製造的智能性盲症狀，證明人的大腦枕葉損傷，也會引起類似動物智能性盲的現象。他彷彿是科學的橋樑，首度把這個「視覺認知」的概念，從蒙克的動物實驗過渡到了人類病患的身上。

視覺認知的概念問世，為接下來許許多多的醫師與腦科學家開創了新的思路，打開了研究的大門。接下來不久，同為德國人的神經科醫師海因里希・利索爾也以自己的病人為師，拓展了視覺認知的視野。

利索爾在一八八八年遇見一位八十歲的男性中風病人，病人除了出現半側偏盲之外，也同樣「可以看見卻認不出」周遭大多數的東西，除非讓他觸摸到東西或聽到它發出的聲音（例如一串鑰匙叮噹作響），他才恍然大悟那是什麼。但更奇

赫爾曼·威爾布蘭德的病人發現，
原本很熟悉的街道變得像在外國一樣陌生。

妙的是，他雖然不認得那個東西，卻可以照樣畫出那個東西的形狀，畫出來之後自己還是認不出自己畫的是什麼東西。同樣地，他也變得看不懂字，但自己倒是可以自主寫出字來，然後自己卻認不出自己寫的是什麼字。

利索爾這麼想：好，視覺認知有問題，認不出東西是理所當然，但是病人已經認不出東西了，為什麼還畫得出來呢？能畫得出來，必然表示對這個東西的形態還是知道的，知道形態卻認不出來，是不是就表示「掌握看見的東西的形態」與「理解看見的東西」，對大腦來說也是獨立的兩件事呢？利索爾認為視覺認知功能不是由大腦的單一位置在負責的簡單元件，而應該是複合組成的機制，可以再把它拆解成一塊一塊的零件。這個推論很合邏輯，但想要真正證明它，一定要在病人的身上實際驗證過才行。

利索爾是很聰明的年輕醫師，他自己為那位病人設計了一些獨創的測試方法。具體言之，他把測試題目分成兩類：第一類不需要病人了解那個東西是什麼，而只要看得出它的形狀、特徵，然後要求病人把不同的東西根據同樣的形狀配對，不需說出那些東西的名字以及用途（例如把一個蘋果跟另一個蘋果配對，或臨摹畫出眼前這個蘋果的樣子）。第二類則是要求病人說出眼前這個東西的名稱、用途等等（例如說得出蘋果是蘋果，可以吃的）。

利索爾想要證明的是，看出物體的形狀只需要視覺的知覺部分，如果連形狀都認不出來，這個功能就一定有問題，他把它稱為「知覺性」（apperceptive）視覺認知障礙。但若是看得出物體的形狀，卻不知道它的名稱與用途，就表示負責視覺知覺的皮質本身是完好的，但卻因為連結的問題，沒辦法在其他皮質區域取出之前所儲存關於這個物體的記憶，他把它稱為「聯想性」（associative）視覺認知障礙。

測試的結果發現，這兩種障礙確實在很大程度上是各自獨立而互不相屬。前述那位病人的症狀，是以聯想性的視覺認知障礙為主，再加上少許知覺性的視覺認知障礙。

利索爾據此首度把視覺認知再分成了兩個層次：一個只牽涉到知覺（形態），另一個則牽涉到聯想（意義），它們分別是由枕葉的不同位置所掌管。這個灼見歷經了時間的考驗，被不斷印證，一直延續到一百多年後的今天。

視覺認知缺陷

累積腦科學家在動物實驗的發現，以及醫師對許多奇特病例的研究結果，讓人們清楚了解到大腦的視覺認知最少有三個獨立的階段。

舉例來說，當人看到一顆蘋果，蘋果的影像立刻傳送到枕葉後，首先要「看見」，這部分由初級視覺皮質負責，它只占枕葉的一小部分。看見之後，視覺訊息要傳送到旁近其他皮質進行「解析」，解析這顆蘋果的形態特徵（圓的、紅的、有光澤……）。解析過後的訊息，就送到另外一處皮質部位，搜索過去的記憶加以比較，確認它是什麼（啊，這原來是個蘋果！），接下來關於蘋果其他特質的記憶（香味、滋味、觸感、蘋果園的風景、第一次親手摘蘋果的感覺……）就一股腦兒湧現出來，這才是整套的「認知」過程。「解析」與「認知」的進行超出初級視覺皮質的範圍，是在視覺相關皮質進行，有時甚至會超出枕葉，包含頂葉或顳葉的部分。

上述那些因疾病而導致的視覺認知缺陷，被稱為「視覺失認症」（visual agnosia）。初步釐清它的機制之後，又陸陸續續出現了一些奇特而有趣的相關病例，讓科學家更進一步認識到視覺認知的複雜性以及多樣性。具體而言，除了廣泛性不認識「所有物件」的視覺失認症之外，有些病人還會選擇性地不認識「某類物件」。

以下就舉兩個代表性的例子來說明：認不出人臉與認不出全局。

※安東尼歐・瓜格里諾（Antonio Quaglino），1817–1894，義大利眼科醫師。
※喬慶・博達模（Joachim Bodamer），1910–1985，德國神經科醫師，首度描述臉孔失認症。

認不出人臉

義大利的眼科教授安東尼歐・瓜格里諾觀察到一位腦中風的病人，在中風之後失去了辨別顏色的能力，更特別的是，他變得沒辦法認出人的臉孔。熟悉的朋友站在他跟前，他都看不出來是誰，但人臉之外的其他東西倒是都認得出來。這跟前述威爾布蘭德的那位女病人有點類似，這一類「選擇性無法認識人臉」的病例，前前後後被不少醫師發表過。後來德國的神經科醫師喬慶・博達模在一九四七年也發表了幾個類似的病例，其中一位是腦部遭子彈擊傷的二十四歲男性，他不再認識他的朋友、家人，甚至連照鏡子時都認不出自己，但只要對方一開口說話，他就馬上能聽出那人是誰。

博達模整理了這些病患的症狀特徵，給它取了名字叫作「臉孔失認症」（prosopagnosia）。這種選擇性地單單不認識人臉的視覺失認症的存在，顯示大腦對人臉的辨識應該是由某一處特定位置的視覺相關皮質所負責。後來藉由這些病例的腦部病理變化或影像檢查的發現證明，「認臉」的大腦皮質位在橫跨顳葉與枕葉的「梭狀迴」。

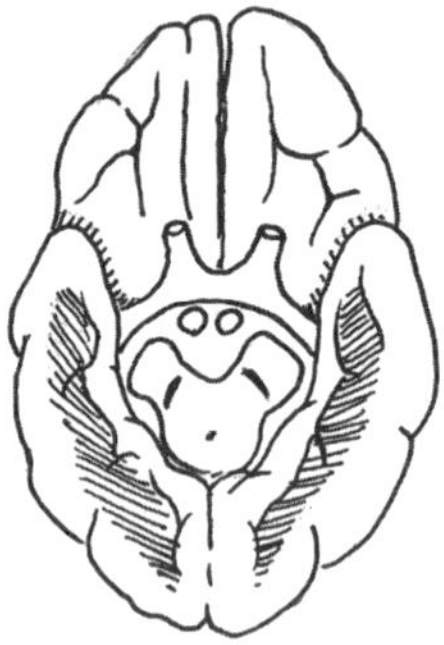

大腦梭狀迴（陰影標示處）的病變，讓人失去辨識人臉的能力。

認不出全局

十九世紀末到二十世紀初的匈牙利布達佩斯，有一位雷佐・巴林特醫師，專長是神經科兼精神科，他在診所工作，在當時並不算名醫。一九〇三年他遇到一位特殊的患者，還追蹤了他數年的時間。這位患者的症狀有點匪夷所思：手腳力氣都沒有問題，但眼睛只能定定地盯著一個固定位置，不能自由轉動；每當他看著一個物體的時候，他就看不到旁近其他東西。換句話說，他每次只能看到單獨一項東西，卻無法看出較廣範圍的全貌，即所謂的「只能見樹而不能見林」。甚至，他的右手沒辦法準確拿到眼睛所看到的東西，伸手取那東西時會錯過目標。數年之後該病人死亡，解剖後發現其病變在腦部兩側的頂葉、枕葉交接之處。巴林特在一九〇九年發表了這個病例的學術論文，後來這種奇特的臨床表現，就被冠上了「巴林特症候群」的名稱。

雷佐・巴林特

儘管巴林特的名氣不大，他這篇論文的獨特性卻引起了當時許多著名的醫師學者注意。他們把巴林特那個病人只能看到單項卻無法看到全貌，見樹

※雷佐・巴林特（Rezső Bálint），1874–1929，猶太裔匈牙利神經學家和精神病學家，發現了巴林特症候群。

不見林的症狀稱作「同時性失認症」（simultanagnosia）。隨之也有不少醫師發表了同時性失認症的病例，這些病人所看到的世界是零零碎碎、片片斷斷的，他們的注意力只能從一個小目標跳到另一個小目標，卻很難掌握這些小目標加在一起的整體意義。

同時性失認症並不常見，在臨床上很偶爾才會遇到，遇到的時候，常用的測試方法，是給病人看一張漫畫圖，請他解釋這幅漫畫所描述的故事。其中特別有名的一張漫畫圖，畫面上媽媽在廚房水槽洗盤子，水從水槽漫出來流到地上，媽媽沒注意，同時後方有個小男孩正踩著板凳，偷拿高架子上的餅乾，腳沒踩穩，搖搖欲墜。這麼生動的畫面，一般人看了肯定可以把畫面的情節說得活靈活現。但若是拿給患有同時性失認症的病患看，他雖然可以說出「有個女人」、「有個小孩」、「有水槽」、「有餅乾」等等細節，但串在一起，這畫面上到底正在發生什麼事，卻是怎麼都看不出來。到目前為止，我們還不完全了解同時性失認症的大腦機制，但極可能是因為這些病人大腦中處理物體認知（這個是什麼），跟處理物體定位（這個在空間的哪個位置）這兩個機制之間的連結出現了障礙，導致互相無法協調兼顧的關係。

測試「同時性失認症」的漫畫圖。

※莫提默爾・米希金（Mortimer Mishkin），1926–2021，美國神經心理學家，專研認知和記憶機制。
※萊斯里・恩格萊多（Leslie Ungerleider），1946–2020，美國神經科學家。

雙流理論

正因為視覺失認症的多樣化表現，尤其有時只選擇性對一兩類事物有認知障礙，讓後來的科學家越來越相信，視覺訊息進入大腦後在皮質上的走向不是一致的，而是分散的。很可能不同種類的視覺認知功能，走的就是不一樣的路。最後這個想法終於在美國神經心理學家莫提默爾・米希金與神經科學家萊斯里・恩格萊多的手中獲得了突破。

莫提默爾・米希金

萊斯里・恩格萊多

米希金與恩格萊多先訓練猴子學會兩種需要視覺認知的技能：第一種是準備兩個外觀不同的食盒，只有其中一盒有食物，然後訓練猴子藉著分辨兩個食盒，判斷哪個當中才有食物。第二種是準備兩個外觀一模一樣的食盒，也是只有其中一盒有食物，但在附近豎著一根圓柱，雖然兩個食盒的外觀一模一樣，但是一個離圓柱比較近，另一個離圓柱比較遠，只有離圓柱比較近的那個食盒中才有食物。換句話說，第一種認知技巧是要猴子分辨食盒

※梅爾文・艾倫・古德爾（Melvyn Alan Goodale），1943–，加拿大神經科學家，提出動作的視覺控制與視覺認知是兩個獨立的系統。
※大衛・米爾納（David Milner），1943–，英國神經心理學家，研究領域涉及人類視覺認知、視覺運動控制和空間注意力。

的模樣長相（是什麼），而第二種認知技巧是要猴子分辨食盒跟周遭環境的關係位置（在哪裡）。接下來，他們把猴子大腦不同位置的神經徑路加以破壞，看對牠們習得的這兩種技能會有什麼影響。

結果他們發現，如果破壞了猴子從枕葉視覺皮質到下顳葉間的傳導，牠就沒辦法分辨食盒的模樣長相（是什麼）；而若是破壞了猴子從枕葉視覺皮質到頂葉間的傳導，牠就沒辦法分辨食盒跟周遭環境的關係位置（在哪裡）。也就是說，實驗證明了靈長類動物「認知東西是什麼」，與「認知東西在哪裡」的這兩種本領，走的是兩條完全不一樣的路。他們把前者（從枕葉視覺皮質到下顳葉間的傳導路徑）稱為「腹側流」（ventral stream），另取個外號叫「是什麼路徑」（what pathway）；而把後者（從枕葉視覺皮質到頂葉間的傳導路徑）稱為「背側流」（dorsal stream），另取個外號叫「在哪裡／怎麼做路徑」（where / how pathway）。

米希金與恩格萊多這個重大突破於一九八二年發表後，引起全世界腦科學家的注目，而這個「雙流理論」，不久之後更在加拿大神經科學家梅爾文・艾倫・古德爾與英國神經心理學家大衛・米爾納的手中進一步發揚光大。

古德爾與米爾納的主要研究對象，是名字縮寫為「DF」的女病人，她因為一氧化碳中毒的意外，損傷到兩側的枕葉皮質，位置正好就在米希金與恩格萊多所提

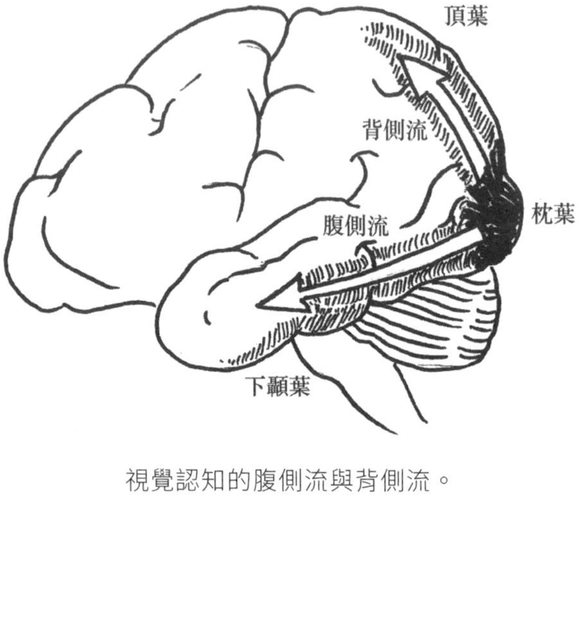

視覺認知的腹側流與背側流。

及的「腹側流」（是什麼路徑）。跟一般視覺失認症的患者一樣，ＤＦ的視力正常，但不能辨認出所看到的物體是什麼東西，甚至也沒辦法用筆畫出眼前物體的形狀。

古德爾與米爾納為她設計了一系列實驗，得到非常有意思的結果。他們做了一塊板子，在上面開了一條長形的隙縫，大小剛好容一只信封通過。把這塊板子放在ＤＦ的身前，陸續轉到不同角度，改變隙縫的方向，然後請ＤＦ描述隙縫的長度大小，以及當時朝向的方向。ＤＦ沒辦法做到，她認不出隙縫有多長，也說不出它的方向，甚至沒辦法用自己的手比出隙縫的長度。接下來，古德爾與米爾納給ＤＦ一封信，請她把

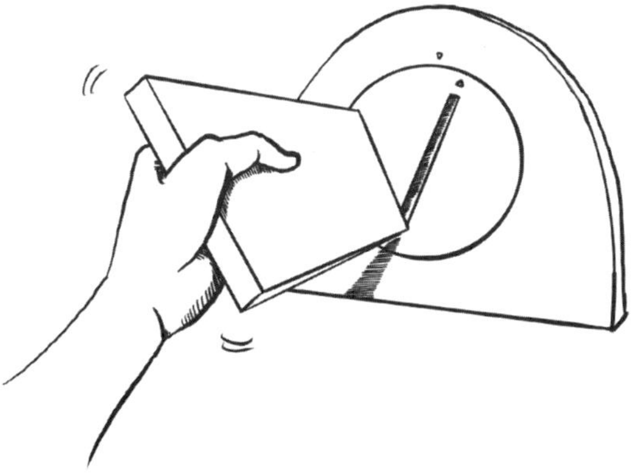

DF看不出隙縫的大小與角度，卻能正確地把信投入隙縫中。

信投到那個隙縫裡。奇妙的事發生了，雖然DF看不出隙縫的大小與角度，但不管縫隙轉到哪個角度，她都能毫不遲疑、正確無誤地把信投入隙縫中。

古德爾與米爾納另外在桌上放了一些積木讓DF去認，DF完全認不出積木的形狀大小；請她用自己的拇指與食指去比擬積木的大小，她也沒辦法正確比劃出來。但若是請她撿起那塊積木，她又能毫不遲疑地快速撿起它。他們拍攝了她撿積木的動作，發現她非常正確地把自己的拇指與食指打開了適當的幅度，而之前請她比劃出積木的大小時，她卻做不到。

古德爾與米爾納對DF的實驗觀察，證實了人類大腦的視覺認知同樣也分成「是什麼路徑」的腹側流，以及「在哪裡／怎麼做路徑」的背側流兩個獨立的系統，跟米希金與恩格萊多在猴子身上的發現是一樣的。而DF的奇特表現，就是因為她的「是什麼路徑」壞掉了，而「在哪裡／怎麼做路徑」還完好的緣故。古德爾與米爾納持續追蹤了DF許多年，本世紀功能性磁振造影問世後，他們也讓DF接受了這個檢查，結果一如預期，進行辨認物體的測試時，正常人的腹側流位置會活躍起來，而DF的腹側流卻一無動靜；而改要她去抓握眼睛看到的物體時，DF的背側流就會像正常人一樣活躍起來。

得力於前述這些科學家與醫師的創見與發現，以及承續他們的成果、繼續不斷前進的學者的努力，我們今天對視覺認知這個有趣而神祕的領域，雖不敢說完全了解，但顯然已經比往日有了更多的洞察，以及更清楚的研究方向。醫學上有一名言：「病人是醫師最好的老師。」正因為史上曾經有過那些視覺認知障礙病人奇特的症狀表現，才讓當時的醫師與科學家想到視覺認知絕不是一種直觀而單純的功能而已，並為此設計了種種精妙的實驗，終於證明「認識眼前景物」這一項看似單純的能力，其實都牽涉到無比複雜精巧的大腦協作。

科學上許多大問題的解決，常常都是像這樣，先由不疑處起疑，然後運用邏輯思考與科學方法，累積解決一個又一個小小的謎團，最後終能窺見真相的全貌。

大腦的以假亂真

我們所看到的不是「物體」，而是大腦對物體的解釋；
我們聽到的也不是「聲音」，而是大腦對聲音的轉譯。

不同的人，或說不同群體的人，面對同一個不尋常的現象，經常會做出不同的解讀，解讀的方式則往往取決於個別的文化背景以及個人想像。

比方說，有人說他老是看到一些別人看不到的東西，像是有白衣女在空中飄來飄去，或別人的身上輻射出彩色光芒，在早期的社會中，這人很有可能就會被帶到廟觀裡燒香收驚，或是被認為具有「陰陽眼」的天賦，可以協助別人「跨界溝通」。

然而在另外一些文化裡，類似的事件卻能夠觸發科學家長期的想像以及研究。

兩百多年前的幻覺紀錄

十八世紀，在日內瓦共和國（今屬瑞士）有一位很傑出的博物學者兼哲學家夏勒・波內。他本身是法學博士，卻一輩子都從事熱愛的科學、哲學研究跟寫作，並且成果斐然。他創造了葉序（phyllotaxis，植物葉子的排列方式）這個植物分類系統，發現了一些昆蟲的單性生殖現象，觀察到毛毛蟲與蝴蝶是通過小氣孔來呼吸；他更是第一個在生物學中使用「演化」（evolution）這個詞，還首先提出了地球史學中的生物大滅絕理論。

夏勒・波內在一七六〇年的著作《關於心智體系的分析研究》（*Essai Analytique sur les*

※夏勒・波內（Charles Bonnet），1720–1793，日內瓦博物學家，首將演化概念納入生物學範疇。

夏勒・波內及其動植物研究。

Facultés de l'Ame）中，記錄了過去沒有人描述過的特別病例，病人就是波內八十七歲的祖父。這位老紳士身體不錯，行動如常，神智清明，但因為兩眼患有嚴重白內障，幾乎全盲。老人雖然看不見外界的任何東西，眼前卻時不時浮現一些影像，例如男人與女人、鳥、馬車、房子、掛毯、鷹架等等，非常生動。老先生說這些東西倏忽而來，倏忽而去，時遠時近，時大時小，動來動去，變幻無常，但都非常逼真，就跟眼前真的有這些東西一樣。雖然影像真假難辨，老先生卻心裡雪亮，明白那些都只是幻覺，絕不會把它們當成是真的。

夏勒・波內在書中提出自己對這一奇特症狀的高明解讀：「這一切的一切，應該都存在於與視覺有關的那一部分大腦之中。不難想像，有某種身體的因素，牽動了我們心智中某些敏感的纖維，就是我們平常看到物體時所牽動的那些纖維，以致產生了可以亂真的物體形象。但只要其他負責思考的那部分纖維沒有被牽動，我們的心智就不會搞不清這些影像的真假了。」

兩百多年前，沒有醫學專業背景的夏勒・波內，首度對人的「視幻覺」這一

※喬治・德・莫西爾（Georges de Morsier），1894–1982，瑞士神經兼精神科醫師，以研究視幻覺而知名。

奇特現象提出了科學解釋。

當然，視幻覺與聽幻覺這些「無中生有」的症狀，在精神病患者或是失智症老人身上是很常見的，古已有之。而人們（包括醫師）在過去也很自然地接受這類病人會看到一些不存在的東西，聽到一些不存在的聲音。畢竟病人的神智是有問題的，不是嗎？然而夏勒・波內確知自己的祖父只有視力缺損，神智與精神狀況是完全正常的，正是這一點，讓波內這位愛智者開始思索「幻覺」的本質。可惜從那之後，波內的觀察與想法沒能受到世人的關注，被忽略了一百多年之久。

不請自來的視覺訊息

同樣居住在日內瓦，但比夏勒・波內晚了超過一個半世紀的瑞士神經兼精神科醫師喬治・德・莫西爾，在視幻覺的研究方面很有建樹，診治過不少有視幻覺的病患。他十分佩服前輩老鄉夏勒・波內當初的創見，所以就在一九六七年發表的論文當中，把這種「智能與精神正常，但因眼疾導致視覺障礙的人所產生的複雜視幻覺」命名為「夏勒・波內症候群」，以茲追念前賢。莫西爾在論文中寫道：「視幻覺絕不能單用視覺的減少來解釋，它一定是因為大腦的變化而產生。」從那時開始，這個從夏勒・波內以來一脈相承的看法，就被科學界廣泛接受了。

喪失視力的人竟可以看到生動逼真的視幻覺。

※大衛・波克（David Burke），澳洲神經生理學家。

人們一旦開始留意夏勒・波內症候群這個奇特的現象，就發現它其實並不罕見，甚至可以說相當普遍。後來的學者統計，在年長族群的視覺障礙，尤其是因為視網膜的中央凹（fovea）處的病變所導致者，有一〇%以上（甚至有人認為高達四〇%）會出現視幻覺。視網膜的中央凹負責視野的中心區，也就是看得最清晰、對我們的視力最重要的部分。此處的病變會讓患者的中央視野看不見，但位於視野周邊的景物則相對看得比較清楚。

視網膜病變好發於上了年紀的人，其中又有不低的比例會產生夏勒・波內症候群，可想而知，各行各業的人都有機會得到這毛病，醫師與學者也不例外。澳洲的傑出神經生理學家波克，自己就得了視網膜病變引起的夏勒・波內症候群，他以他的第一手經驗，詳細記錄自己的病程以及視幻覺的內容，還把它們描繪出來，並提出對這種幻覺的理論，寫成很有分量的論文，於二〇〇二年發表。波克認為夏勒・波內症候群的產生，是來自於腦部視覺相關皮質的「傳入阻滯」（deafferentation）——意思就是說，正常應該由視網膜經過視神經而傳到大腦的視覺訊號，現在因眼睛生病沒傳進來，那麼本來時時刻刻都等著接收這些電訊號的視覺相關皮質，就會感到十分空虛而作怪起來。它的神經細胞興奮度提高，無中生有，自發性發出視覺訊號，讓患者以為自己看到了東西。

因為傳入阻滯而導致大腦視覺相關皮質過度興奮，進而產生視幻覺的學說，言之成理，從二十世紀末到本世紀初，已經廣被學者認可。但是其科學證據則是在近年才因為科技進步而逐漸浮現。

英國精神病學家費契在一九九八年利用新穎的功能性磁振造影來研究夏勒·波內症候群的患者。功能性磁振造影可以即時監測大腦不同區域的神經活動，對於了解像視幻覺這種虛無飄渺、神出鬼沒的症狀特別合適。其研究結果發現，夏勒·波內症候群的患者在視幻覺出現的當下，大腦枕葉的視覺相關皮質自動活躍起來。這個結果直接證明，這些患者的視幻覺是由視覺相關皮質的自發性活躍而來。他進一步還發現不同內容的幻覺，例如彩色幻覺與黑白幻覺、人臉幻覺與物品幻覺，活躍起來的次區域都略有不同。彩色的幻覺發生時，是梭狀迴的後部在活躍，而黑白的幻覺發生時，則是更後上方一點的位置在活躍；人臉的幻覺發生時，是左邊梭狀迴的中部在活躍，而物品的幻覺發生時，則是右邊梭狀迴的中部在活躍。這給了我們另一啟發：視覺相關皮質是用不同位置的神經細胞，處理不同性質的視覺訊息。

視覺喪失產生視幻覺，甚至可以發生在眼睛沒有病的健康人身上。哈佛醫學院的研究團隊曾在二〇〇四年發表了有趣的「視覺剝奪」實驗：他們讓十三位

※多米尼克·費契（Dominic Ffytche），英國精神病學家。

※大衛・潘特（David Painter），澳洲神經科醫師。

眼睛健康、視力正常的普通人戴上眼罩，使他們什麼都看不見，一戴就是連續五天。結果從第二天開始，陸陸續續有高達十位（七十七%）受試者產生了視幻覺，就跟夏勒・波內症候群的患者一樣。這也印證了「感覺剝奪」的酷刑，確實可以把人逼瘋。

澳洲的大衛・潘特醫師，知道夏勒・波內症候群的視幻覺來自於視覺相關皮質的自發性活躍，但他想進一步證明這種自發性活躍確實是肇因於視覺相關皮質的興奮度提高，所以設計了相當精巧的實驗：他找來三組受試者，第一組是有視網膜病變並有夏勒・波內症候群的患者，第二組是有視網膜病變但沒有夏勒・波內症候群的患者，第三組是視力良好的正常人。潘特用光線來刺激這些受試者的周邊視網膜，然後監測其視覺相關皮質區域所引發的腦波反應，反應的大小就代表局部皮質興奮度的高低。結果發現光線刺激在夏勒・波內症候群患者引起的視覺相關皮質反應，遠遠大於其他兩組受試者。這個成果在二〇一八年發表，證明了視覺喪失所導致的視幻覺，確實與視覺相關皮質的興奮度過高息息相關。

經過諸如以上許多醫師與學者的研究，夏勒・波內症候群的大致機轉已然成形：與視覺相關的大腦皮質，就跟所有其他位置的大腦皮質一樣，在正常情況下並不會有真正「空閒」的時候，而是持續不斷接受到傳入的視覺訊息「轟炸」，這才是它的常態。此時它的神經元興奮度調節得剛剛好，也無暇自己製造出多餘的訊號。然而一旦原先傳入的視覺訊息因某種原因被長時間阻斷而停止，這些視覺相關皮質就會為了適應變化，提高興奮度，而在沒有視覺訊息傳入的情況下，自發性產生出多餘的活動，這個視覺相關皮質的自發性異常活動，就會被大腦理解為「看到了東西」。

用腦來看而非雙眼

我們人類所謂的「感知」，其實都是腦部在接受到外來訊息時所產生的細胞活動。當視覺相關皮質在沒有外來訊息的情況下產生了自發性活動，而這個活動的形態，又正好跟平時看到物體時視覺相關皮質所產生的活動類似，就會無中生有，看到不存在的東西，並且感覺非常逼真。從大腦的角度來說，這樣子「看見」的影像，跟真正用眼睛「看到」的影像並無不同，因為我們本來就是用大腦來看，而不是用眼睛。

典型的夏勒．波內症候群是因為視覺障礙所產生，它的腦皮質生理變化僅限於視覺相關皮質，而其他與「理性判斷」相關的位置（例如額葉）完全正常，所以夏勒．波內症候群的患者就算看到了難辨真假的生動畫面，仍然心知肚明這些都是幻覺，並不會把它們當真，這正好就是波內最初提出的解釋。

針對夏勒．波內症候群視幻覺的研究成果，為腦科學開了一扇新門，大大增進了我們對其他所有幻覺的理解。幻覺症狀在許多神經與精神疾病中都會出現，遠遠不只夏勒．波內症候群，並且也不局限於視幻覺。隨便舉一些例子：巴金森病、路易氏體失智症（Lewy body dementia）、阿茲海默症、偏頭痛、癲癇症、思覺失調症（schizophrenia，舊稱精神分裂症），或是使用各種致幻藥物，例如LSD（麥角酸二乙醯胺，lysergic acid diethylamide），還有大腦的各種血管性、腫瘤性、發炎性病變等等，凡是罹患上述疾病的患者，出現視幻覺或聽幻覺的症狀都不少見。了解幻覺的本質，對了解這些腦部疾病，甚至於大腦本身的奧祕，具有不可取代的價值。

比方說，巴金森病與路易氏體失智症這兩種病都是病因尚未明朗的退化性疾病，在患者腦中各處的神經細胞常出現路易氏體（Lewy body）的沉積。由於它的病變波及許多腦區域，影響到各種不同的神經傳導物質，所以會導致諸如失智、動作障礙、自律神經障礙、睡眠障礙等等許多病狀。視幻覺在這兩種疾病中都相當常見，並且是疾病越後期越明顯。患者的視幻覺內容通常十分鮮明而逼真，像是走動的人物、小孩、動物等等。患者有時也能分辨這些幻覺是假的，但與夏勒．波內症候群不同的是，有一定比例的巴金森病與路易氏體失智症患者會「以假亂真」，無法分辨幻覺真假而產生認知混亂。我在臨床上照顧這些病人時，就經常會遇到一些受到「陰陽眼」困擾的患者，症狀太厲害時還會造成治療上很大的挑戰。

近年來，腦科學家針對有視幻覺症狀的巴金森病與路易氏體失智症患者所做的腦影像研究，大致可以看到下述趨勢：有視幻覺的病患腦中視覺相關皮質的所在（也就是枕葉與頂葉），以及跟視覺沒有直接相關的額葉部分，比起沒有視幻覺的病患，萎縮程度都要更嚴重一些。這樣的發現暗示這些退化性疾病之所以會有視幻覺的發生，可能是因為：一、患者的視覺相關皮質受疾病侵襲較為嚴重，功能失調，容易產生前述的自發性多餘活動。二、扮演掌控節制、理解判斷角色的額葉功能也變差了，不但助長了幻覺發生，同時也讓病患無法判斷自己的視幻覺是真是假。

神經疾病當中還有一種非常特異的幻覺症狀，稱為「愛麗絲夢遊仙境症候群」（Alice in Wonderland Syndrome, AIWS），得名於百年前奇幻名作《愛麗絲夢遊仙境》（*Alice's Adventures in Wonderland*）。書中主角愛麗絲見到一瓶寫著「喝我」的飲料，一口喝下，整個人就縮小了；接著看到一塊寫著「吃我」的蛋糕，吃掉它後，身體就急速變大，頭都頂到天花板，房間都站不下。愛麗絲夢遊仙境症候群的患者在發作時，同樣會感覺到自己的身體漲得越來越大，或是越縮越小。此外有時也會感

※凱絲琳・布倫姆（Kathleen Brumm），美國心理學家。

到視野當中的物體產生扭曲，變得比真實要更大或更小，更遠或更近。愛麗絲夢遊仙境症候群的病因，在青少年族群中，最常見的是病毒性腦炎；而在成年族群中，最常見的病因則是偏頭痛。其他零零星星的病因，則包括腦中風、腦腫瘤、頭部外傷、癲癇等等，不一而足。

為什麼腦部的變化，會造成像愛麗絲夢遊仙境症候群這種「感覺自身的大小改變，或者看見的東西變得更大或更小」的奇異而有趣的幻覺？美國心理學家凱絲琳・布倫姆等人，嘗試在患有愛麗絲夢遊仙境症候群的十二歲小女孩發生幻覺時，給她一些視覺測驗的刺激，同時進行功能性磁振造影檢查。他們發現小女孩在發作的當下，枕葉皮質被視覺測驗激起的反應比較偏低，而頂葉皮質被激起的反應反而偏高。大腦的頂葉接受許多來自於視覺以及身體感覺的訊息，身居綜合解讀這些訊息，演繹出我們自身與環境的關係的角色。上述實驗的結果暗示著愛麗絲夢遊仙境症候群的大腦所發生的變化，也許就是視覺與自體感覺的訊息，在

《愛麗絲夢遊仙境》裡愛麗絲吃掉蛋糕後身體急速變大。

愛麗絲吃掉蘑菇後脖子增長。

結合過程因為腦的病理變化而產生了矛盾，患者對於自己身體與周遭環境大小關係的認知也就跟著扭曲了。

除了對那些明確的腦部病變導致幻覺的研究之外，科學家針對傳統上屬於「精神疾病」範疇患者的幻覺所做的研究（例如思覺失調症患者的聽幻覺），更是相當具有啟發性。聽幻覺是思覺失調症的典型症狀之一，它出現的機會比視幻覺還要高。其表現通常都是病人清晰地聽到有人在自己的耳邊講話，在他主觀的感覺裡，這些話都是「別人」講的，而不是自己的心聲。在傳統的精神醫學當中，

※西格蒙德．佛洛伊德（Sigmund Freud），1856–1939，奧地利心理學家、哲學家，心理分析學派的創始人，二十世紀最有影響力的思想家之一。
※湯瑪士．德克斯（Thomas Dierks），德國精神病學家、神經科學家。

專家對精神病患者的聽幻覺症狀有許多不同的解讀方式。例如心理分析學派的代表人物西格蒙德．佛洛伊德就曾經提出，聽幻覺是精神病患者的避風港，他們藉著遁入這個幻覺世界，作為逃避現實世界的防衛機制。這種解釋是對的嗎？你根本沒辦法說它對還是不對，因為這樣的解讀只不過是術語詞彙的排列組合，沒有辦法對疾病做任何科學的測量與證明。

感覺的客觀與真實

德國的湯瑪士．德克斯醫師，在一九九九年也把功能性磁振造影檢查用到了思覺失調症患者的研究上。他讓患者用按鈕標出自己聽幻覺的開始時間與結束時間，然後把聽幻覺出現時的腦部活動跟沒有聽幻覺時的基本態相比，並且與正常人比較。結果發現，精神病患者在聽到幻覺時，左邊大腦負責講話的運動語言區（布羅卡區），以及負責聽到聲音的初級聽覺皮質區就同時自發性活躍起來。這麼一來，聽幻覺的現象就很容易解釋了：運動語言區的自發性活躍，在患者的腦中無中生有地產生話語，而初級聽覺皮質的自發性活躍，則讓患者真的「聽到」這些話，所以才會深信這些話是由外界傳來。這發現證明了像聽幻覺這樣所謂的「精神」症狀，也跟夏勒．波內症候群類似，其實都是來自於大腦特定皮質區域

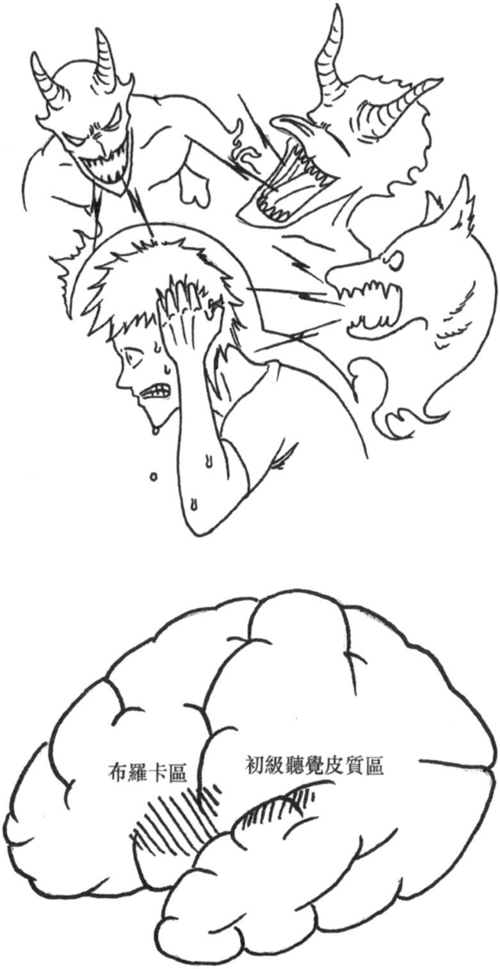

精神病患者發生聽幻覺時，
布羅卡區與初級聽覺皮質區會同時活躍起來。

的自發性活動。

從僅有視覺障礙而大腦完全健康的夏勒．波內症候群，到有明顯大腦病變的巴金森病與路易氏體失智症，再到病變曖昧不明但大腦顯然有問題的思覺失調症，對這許多疾病幻覺的研究與闡明，不僅有助於疾病的治療，也加深了我們對自己這個神祕的大腦的洞察。

我們所看到的不是物體，而是大腦的特定區域「對物體的解釋」；我們聽到的也不是聲音，而是大腦的特定區域「對聲音的解釋」。人類對所有事物的體察，對所有真假的判斷，都是依賴大腦。不只視覺與聽覺是如此，我們所有感官——色聲香味觸——都是如此。除了前面提過的視幻覺與聽幻覺之外，有些顳葉癲癇發作會讓患者聞到特別的氣味、嘗到奇怪的味道，巴金森病或思覺失調症的患者有時會感覺到有人在碰觸他。針對任何一種我們賴以認知外界的感官功能，都有許多病例可以證明，外來知覺的剝奪，或是腦本身的結構與生理改變，都能夠讓腦部產生擬真的虛假認知。那麼，就客觀認知這個目的而言，我們的大腦真的可靠嗎？更進一步想，對大腦來說，有所謂的「客觀真實」可言嗎？

近年來，已經有一些腦科學團隊嘗試用「重複性穿顱磁刺激」（Repetitive Transcranial Magnetic Stimulation，rTMS）來治療病人的視幻覺或聽幻覺，並且也獲得了一定程度的成功。穿顱磁刺激的原理，是用機器在顱骨外製造磁場的變化，誘發腦部特定區域的神經元活動。幻覺既然是大腦局部的自發性錯誤活動，就可能用外力來加以抑制，讓幻覺減少。

當代腦科學的進展一日千里，能夠用來操控大腦活動的技術也將日益成熟。未來的科技是不是有可能反過來，透過外力在人的腦內模擬出精巧而真假難辨的各種幻覺，量身定做屬於自己的「真實」呢？

穿顱磁刺激：透過磁場誘發腦部特定區域的神經元活動，進而產生治療效果。

大腦的兩個靈魂

兩邊的大腦半球不是一個大腦的兩部分，
根本就是兩個大腦！

法國哲學家勒內・笛卡爾說過一句廣被傳頌的名言：「我思故我在。」這句話到底是什麼意思呢？這麼說好了，每個人對世界所有事物的一切體驗，都只來自「自我」的主觀感覺而已，而沒有辦法從「他者」的角度來觀察自己。換句話說，任何一個人都沒有真正客觀的證據，可以證明自我是存在的，唯有「我正在思考」這一件事，適足證明了我的存在。因此，我們是藉著探索內心，才確認自己的存在與主體性，才肯定自己是一個不可分割的整體。但是，真相真的是這樣嗎？假如有人說，其實你有兩個自我，不是人格分裂，也不是多重人格，而是每個正常人都擁有兩個截然不同的「靈魂」，你能接受嗎？

大腦的「電磁風暴」

這個看似突兀的奇怪問題是怎麼來的呢？腦科學當初之所以會闖入這個似乎很玄虛的領域，是因為一種病：癲癇症。什麼是癲癇症呢？就是大腦的神經細胞因為某些已知或未知的病因，產生了陣發性異常放電。這些腦細胞的異常放電，導致病人表現出諸如昏迷、抽搐，甚至怪異行為等等千奇百怪的症狀，並且損傷到腦細胞。而嚴重的癲癇症，例如泛發型癲癇，也就是大腦廣泛放電而造成昏迷與全身抽搐，甚至有可能危害到病人的生命。每次的癲癇發作，我們都可以將之視為一場大腦的「電磁風暴」災情。

有些泛發型癲癇，是由部分型癲癇蔓延開來所形成。也就是說，異常放電先從大腦皮質很小的區域開始，因為這星星之火沒能及時撲滅，它就以燎原之勢延燒開來，終於釀成整座森林的大火。在現代，制止癲癇蔓延的主流滅火方法是服用抗癲癇藥物，就像是在火上噴灑滅火劑一樣。比較有效、副作用又少的抗癲癇藥物，約莫是在二十世紀後半才逐漸出現，所以在那之前的醫師面對特別難搞定的癲癇火災時，由於沒有滅火劑可用，他們考慮的重點就聚焦在要如何將大腦的火勢局限在原地，不讓它蔓燒到整座森林。這要如何做到呢？理想中當然是應該把大火延燒的通道切斷，問題是通道在哪兒呢？

一九三〇年代的腦科學家把注意力放到了胼胝體上面。胼胝體是連結兩邊大腦半球的緻密神經纖維構造。當時科學家認為除了在物理上連結並穩定兩邊的大腦半球，胼胝體應該還具有相當重要的神經訊息傳遞功能。

當時的美國神經外科醫師威廉·凡·瓦傑能注意到大腦若是長了腦瘤，有時會引起癲癇，而且不管腫瘤長在哪一邊大腦，都不只會發生部分型癲癇，常常也會演變為泛發型癲癇。這本不足為奇，可要是腦瘤正好長在胼胝體上，因而破壞了大部分胼胝體構造，病人的癲癇就經常只是部分型癲癇，抽搐也只會局限在半

※威廉·凡·瓦傑能（William P. van Wagenen），1897–1961，美國神經外科醫師。

邊的身體，很少會蔓延成泛發型的全身癲癇。瓦傑能心想，這是不是表示在癲癇發作時，一邊大腦的電磁風暴必須要通過胼胝體這個通路，才能傳到另一邊的大腦，而胼胝體一旦被破壞，癲癇電流就傳不過去了？如果故意破壞胼胝體，切斷電流傳播，癲癇是否就沒辦法延燒到另一邊大腦？

即知即行的瓦傑能醫師與工作伙伴很快就把他們的理論付諸實行，在一九三九年一年裡，為十位嚴重癲癇症的患者施行「胼胝體切開術」（corpus callosotomy），把整個胼胝體從中一切兩斷。因為這是世界首創的治療方法，為了明白手術會不會給病人帶來重大的副作用，他們特別請了心理學以及精神醫

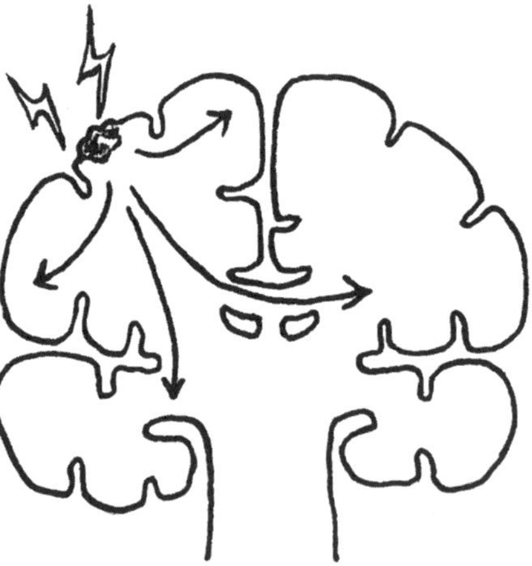

癲癇放電會經由胼胝體蔓延到另一邊大腦。

學的專家，在這些病人動手術之前與動手術之後，分別做了心智功能以及精神狀態評估，加以比較。之後在一九四〇年，將這十位病人的手術成果寫成論文發表。

胼胝體切開術這個新穎的治療方法，很快就引起了醫學界與腦科學界極大的重視。那十位病人的癲癇症在手術後得到程度不一的改善，治療效果雖不像救命仙丹那麼厲害，卻也確實讓一些嚴重的癲癇患者病情得到了控制。但值得注意的是在副作用方面，這十位病人當中，僅有一位在手術後產生一點小困擾。他說：「我的左手好像變得比較不聽話，比方說，我用右手去開門，左手就會自動伸出去要關門。但這個症狀過

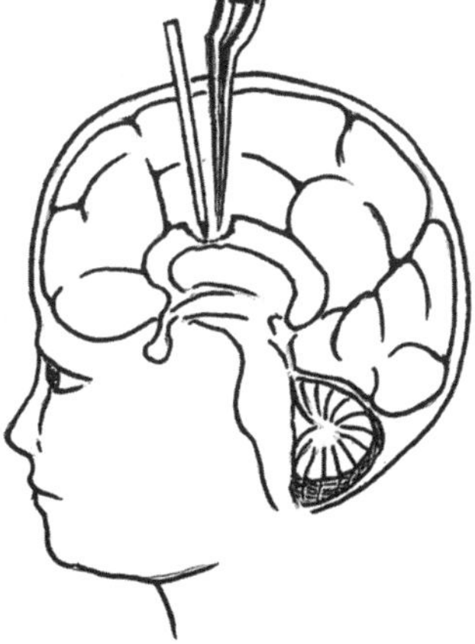

胼胝體切開術。

※羅傑・威考特・斯佩里（Roger Wolcott Sperry），1913–1994，美國神經生物學家暨神經心理學家，1981年獲諾貝爾獎。

一陣子就自己消失了，所以沒有大礙。」我們今天看到上述描述，當然馬上就能了解那是「異手症」（alien hand syndrome）的現象（參見下一篇〈被附身的手〉）。但除此之外，這十位病人在手術之後的日常生活、神智與思考都沒有任何問題，前述那些心智功能以及精神狀態的評估，也顯示胼胝體切開術並沒有造成患者任何明顯的腦功能損傷。

看到如此令人滿意的結果，瓦傑能就在那篇論文中說：「切斷胼胝體連結的手術，並不會給病患帶來任何副作用。」從此之後，瓦傑能與其他醫師陸陸續續又對許多癲癇症患者做了胼胝體切開術，基本上也沒有出現嚴重的副作用。只不過隨著時間過去，有效的抗癲癇藥物不斷問世，胼胝體切開術就變得越來越不重要，後來就幾乎沒什麼人再去做了。

裂腦貓實驗

把病人的腦袋瓜切開，割斷了好大一個構造，然後病人沒有什麼不對勁，在任何人看來都是皆大歡喜的好事吧？偏偏腦科學家的思考方式跟其他人都不一樣，總是在不疑處有疑。在此時因為這個疑惑而站上了腦科學舞臺的人，正是美國的神經生物學家暨神經心理學家羅傑・威考特・斯佩里。

羅傑·威考特·斯佩里

斯佩里是這麼想的：這麼大的胼胝體，裡面神經纖維那麼多，是兩邊大腦半球間的唯一通道，必然傳遞著許多神經訊號，絕對是重要到不得了的東西，現在把腦裡面這麼重要的傢伙硬生生一刀切斷，然後說這個傷害對人一點影響都沒有，有天理嗎？這只有兩個可能，一是胼胝體虛有其表，本身根本沒有什麼重要的功能；二就是測試的方法不正確，所以測不出切斷了它之後對人有什麼影響。

斯佩里是非常愛做實驗，又非常會設計實驗的科學家，一九五〇年代他在美國加州科技中心生物部（Division of Biology, California Institute of Technology）工作時，便著手進行了胼胝體切開術的動物實驗，希望能釐清「胼胝體到底有什麼用」這個疑問。斯佩里一開始用貓當實驗動物，把牠們的胼胝體切斷，這些胼胝體被切斷了的貓就被稱為「裂腦貓」（split-brain cats）。斯佩里設計的裂腦貓實驗，精巧到一般人很難想像，想要了解這個實驗的原理，我們必須先來惡補一下哺乳動物（包括貓跟人類）視覺神經通路的知識。

貓（以及人）有左右兩條視神經，它們連結後方腦部的途中會有一個交叉處，稱為「視交叉」。兩條視神經分別有一半的神經纖維經由視交叉走到對面，進入對側大腦的視覺皮質，而另外一半的神經纖維不交叉，直接進入同側大腦的視覺皮質。簡單地說，左右兩眼傳入的視覺訊息，都有一半會傳到同側的大腦，而另一半傳到對側的大腦，所以左右兩邊大腦半球，分別會同時接收到兩邊眼球的視覺訊息。出現在兩眼的左邊視野的東西，訊息會傳入右邊的大腦半球，而出現在兩眼的右邊視野的東西，訊息會傳入左邊的大腦半球。

斯佩里把貓的腦袋打開，縱向切斷牠的視交叉，這麼一來，兩隻眼睛的訊息就沒有辦法交叉傳到對側的大

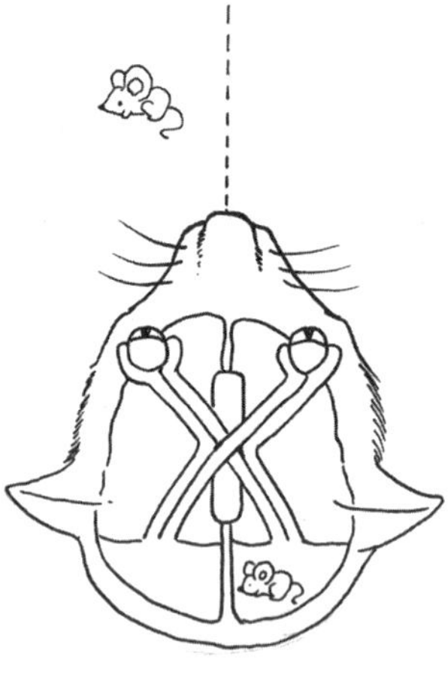

正常視神經徑路的安排，會讓兩眼的左邊視野的訊息傳入右邊的大腦半球。反之亦然。

腦，這隻貓的右眼訊息就只能傳到右腦，左眼訊息就只能傳到左腦了。但因為兩邊的大腦還是可以經由胼胝體互通訊息，所以斯佩里又把這隻貓的胼胝體也切斷，讓左右腦的視覺訊息不能通過胼胝體傳遞，徹底限制了這隻裂腦貓的右腦只能「看到」右眼看到的東西，而左腦只能「看到」左眼看到的東西。這些裂腦貓在動過手術之後，也跟以往接受癲癇手術的「裂腦人」一樣，行為完全正常，活蹦亂跳，乍看之下沒有任何副作用。但除了裂腦貓的實驗組之外，斯佩里還製造了一組控制組的貓，它們的視交叉也被縱向切斷，但胼胝體沒被動刀，所以這組「控制貓」雖然同樣是右眼

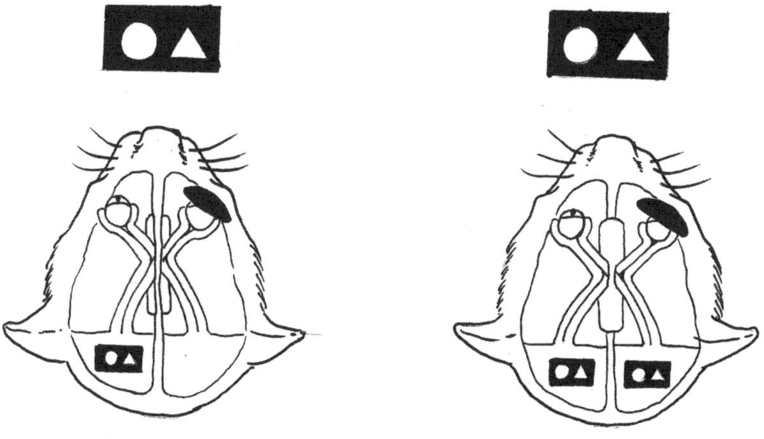

（左）切斷視交叉也切斷胼胝體的裂腦貓。
（右）切斷視交叉但胼胝體完好的控制貓。

訊息只能傳到右腦，左眼訊息只能傳到左腦，但左右腦之間卻可以透過胼胝體互通訊息，所以都還能「看到」對側那隻眼睛所看到的東西。讀到這邊，如果您的頭還沒有開始發昏，就請接著觀賞下面的精彩實驗。

斯佩里先把裂腦貓的左眼遮住，然後用食物為誘因，訓練牠用單獨一隻右眼來分辨某種圖樣變化，答對了就有食物獎勵。學會了之後，改把牠的右眼遮住，讓牠用單獨一隻左眼去執行原先右眼所學會的分辨圖樣變化的能力，結果牠做不到。接著反過來先遮住右眼，用跟前一個完全相反的圖樣變化訓練牠的左眼，答對了有獎。學會了之後，改把牠的左眼遮住，讓牠用單獨一隻右眼去執行前述左眼所學會的分辨圖樣變化的能力，結果牠也做不到。然而在對控制貓做一模一樣的實驗時，控制貓卻完全沒有這個問題，不論是用哪一隻眼學到分辨圖樣變化的能力，改由另一隻眼來做，都做得一樣好。在圖樣變化分辨實驗之後，斯佩里又設計了觸覺分辨以及動作形態記憶兩種訓練，得到的結果也跟圖樣變化分辨的實驗一樣。接下來，斯佩里把裂腦貓實驗移植到了猴子身上，結果裂腦猴的表現也是一樣。

到這裡，我們先停下來冷靜想一想，就會發現這事情太過離奇，超出了我們的常識範圍。斯佩里的裂腦動物實驗告訴我們什麼事？它告訴我們：第一，動物

※邁克爾・加扎尼加（Michael Gazzaniga），1939–，美國心理學家、神經科學家，對裂腦患者進行了大量研究。

的兩邊大腦半球可以分別獨立學會技能，獨立產生記憶，而完全不需要跟對面的鄰居——另一個大腦半球——溝通商量。第二，在沒有了胼胝體這個溝通管道時，任何一邊大腦半球所學到的技能與記憶，對側的另一邊大腦半球對此皆一無所知。第三，在兩邊大腦半球獨立作業、互不理會的狀態下，裂腦動物的機能表現好像沒有受到太大的影響，照樣過牠的正常生活。這簡直就像在告訴我們：兩邊的大腦半球不是一個大腦的兩部分，而根本就是兩個大腦！

斯佩里所發表的一系列裂腦動物實驗結果，可以說震撼了科學界。接下來很自然的發展，當然就是想看看人類的情況是否也是如此。然而要了解人類的情況，可就不像動物那麼單純，一來是科學家不可能為了研究目的而去破壞人腦構造，只能利用為數不多的現成裂腦病人；二來是人的心智功能比其他動物複雜許多，必須要設計全新的測試方法才行。

左右大腦各行其是

時間進入了一九六〇年代，斯佩里由於學術成就卓著，此時已經是加州科技中心的著名教授。一九六一年某一天，剛由達特茅斯學院（Dartmouth College）畢業的年輕心理學家邁克爾・加扎尼加，踏進了斯佩里的辦公室報到，開始做斯佩里的研究生，進行學士後研究。就在報到當天，斯佩里老師就把人類裂腦研究的題目丟給了加扎尼加，從此改變了加扎尼加的一生。

加扎尼加對裂腦人並不陌生，身為滿懷研究熱情的心理學家，他在達特茅斯學院高年級時，就對那些動過胼胝體切開術的癲癇病人的心智功能很有興趣。他甚至動過腦筋，在紙上設計了一些可行的實驗方法，只不過一直到他畢業，都還沒機會把這些方法真正運用到實際的病人身上。所以來到加州科技中心，接下這個裂腦研究任務，對他來說是正中下懷。不過當時周遭的同事對他們師生倆的構想卻都抱著懷疑的態度，沒有什麼人真的相信那些病人能被檢查出什麼問題。眾人都覺得接受過胼胝體切開術的裂腦人們，早已經被許多腦科學家檢查過，證明他們的心智完全健全，斯佩里教授以及這位初出茅廬的研究生加扎尼加，還想在這些裂腦人身上挑出毛病來，顯然是在浪費病人以及自己的時間。

加扎尼加的第一個人類實驗對象，名字縮寫是W. J.。他是退役的傘兵，在二次大戰中被德軍用槍托重擊頭部，因而造成了嚴重的癲癇症，後來接受了胼胝體切開術。設計針對裂腦人的實驗方法，比起設計動物實驗需要更多的創意與天才，因為這些裂腦人的胼胝體雖然已經切斷，但跟前面提到的裂腦動物不同，他們的視交叉還是完好的，他們每一邊眼睛看到的視覺訊息都會同時傳到兩邊的大腦半球，沒有辦法藉著遮住一隻眼睛，限定視覺訊息只傳入單側的大腦半球。

人的左大腦半球，接收到的是兩隻眼睛的右半邊視野訊息（人在空間中線的右半側看到的東西），而右大腦半球，接收到的是兩隻眼睛的左半邊視野訊息（人在空間中線的左半側看到的東西）。所以，理論上把視覺刺激限定在病人的右半邊視野，訊息就只能進入左大腦半球，而把視覺刺激限定在病人的左半邊視野，訊息就只能進入右大腦半球。唯一的問題是，人的眼睛轉動很靈活，如何保證他不去「偷看」另外半邊？對此加扎尼加設計了非常聰明的方法，他把一個大螢幕放在病人眼前，請他盯著螢幕的中心點，然後輪流在螢幕的左半邊或右半邊快速閃過影像，這些影像稍縱即逝（小於〇．二秒），快到來不及轉眼偷看——病人在右半邊視野看到快速閃過的字，這個字的訊息就進入左大腦半球，但因為來不及動眼用左半邊視野偷看，訊息便無法傳到右大腦半球。反之亦然。

W. J. 端正坐在那個大螢幕的前面，在螢幕的左半邊或右半邊，輪流閃動著一瞬即逝的不同文字、顏色或圖形等等。當 W. J. 看到東西時，他就要用手按下按鈕，並且說出他看到的是什麼東西。這是世界上第一次的裂腦人視覺實驗，加扎尼加心中的緊張與期待可想而知。

最後做出來的結果驚天動地，顛覆了所有人的想像：當視覺刺激出現在 W. J.

的右邊視野（進入左腦）時，他馬上就正確無誤地講出那個字或圖形是什麼，並且用右手按下按鈕（因為左腦控制右手）。但是當視覺刺激出現在W.J.的左邊視野（進入右腦）時，他說他什麼都沒看見，可是與此同時，他的左手卻正確無誤地按下按鈕（因為右腦控制左手）。加扎尼加看到這個結果，全身雞皮疙瘩都跑了出來。他事後回憶：「那一瞬間發生的事情，永遠都凝結在我的記憶之中，任何其他事物都不能取代。」

W.J.的反應代表了什麼意思？要知道我們的語言功能在左大腦半球，所以W.J.用左大腦半球看到東西的時候，他可以正確說出那是什麼，並且用右手按下按鈕，表示左大腦半球看到了。而他用右大腦

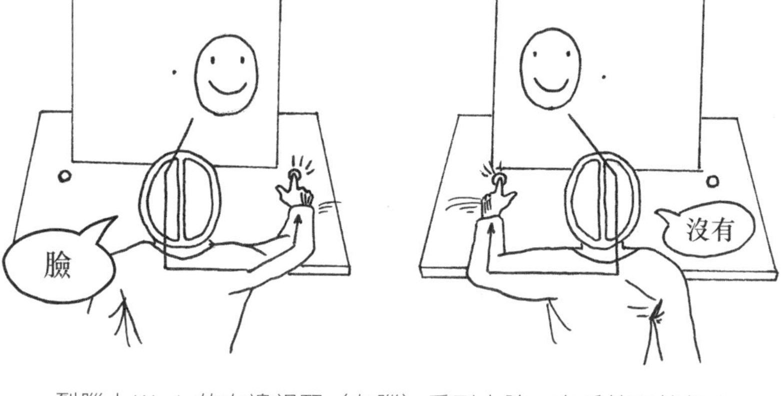

裂腦人W. J. 的右邊視野（左腦）看到人臉，右手按下按鈕；
左邊視野（右腦）看不到人臉，但左手也按下按鈕。

半球看到東西的時候，因為右大腦半球不會說話，而負責說話的左大腦半球真的沒有看到那東西，當然就會說沒有看到東西。但「嘴巴說沒有，左手卻很誠實」，左手受右大腦控制，知道右大腦半球明明看到了東西，所以就正確按下了按鈕。這個驚人的矛盾現象證明了裂腦人的左右兩邊大腦半球完全不知道彼此看到了什麼，也完全不知道彼此在做些什麼。

說謊的人左腦發達？

加扎尼加與斯佩里在W. J.身上所做的實驗，打開了一扇大門，通往全新的腦科學領域。從那時開始，人類兩邊大腦半球的獨立性既經確立，就讓科學家想到有更多需要解答的問題，所幸手中也有了可以開始解答它們的工具。我們獨立的兩個大腦半球，究竟是具有一模一樣的功能，只是作為彼此的備分呢？還是各自有它所擅長的工作，不能互相取代呢？比方說，大家都已經知道語言功能是由左大腦半球負責，但是右大腦半球難道就完全是「文盲」嗎？語言之外的功能呢？那麼多種心智功能，是平均分布在兩個大腦半球，還是像語言一樣傾斜到一邊呢？這些問題的答案，當時無人知曉。裂腦人提供了獨一無二的機會，讓科學家開始窺見這些奧祕。加扎尼加與斯佩里在接下來許多年裡，持續對裂腦人進行研究，漸漸地美國以及世界上許多腦科學家也加入了這個行列。

加扎尼加的另一位裂腦人病患，是年僅十三、四歲的男孩子，名字縮寫是P.S.。在一次實驗中，加扎尼加向P.S.提出一個問題：「你最喜歡的女朋友是誰？」請他分別講出與寫出答案。但「女朋友」這個詞，只用文字快閃出現在P.S.的左邊視野（右大腦半球）。P.S.聳聳肩，表示他沒有看到問題，然而同時他卻不由自主發出了「格格」輕笑聲，然後左手寫出「麗茲」（L-I-Z，女孩的名字）。他的左大腦半球沒有看到字，當然就表示沒看到問題，但右大腦半球確實看到了問題，並且還看懂了，雖然說不出話來，卻能指揮左手寫出女孩的名字。這是首度有人能夠證明，人的右大腦在沒有左大腦的幫助之下，仍然具有部分的語言能力。此後多年間，累積了進一步對其他裂腦人所做的語言測試，科學家終於得到了結論：右大腦半球其實也能夠理解較簡單的詞彙與文法。

P.S.到了十五歲時，加扎尼加給他做了更複雜一點的實驗。他先在桌上擺了一堆卡片，每張卡片上畫著一個物品，彼此互不相干，然後請P.S.從中挑選「跟螢幕上看到的影像有關聯性」的卡片。加扎尼加在P.S.的右邊視野（左大腦半球）閃過一張雞爪的影像，而在P.S.的左邊視野（右大腦半球）閃過一張房子被埋在雪裡的影像，P.S.很快就用右手（左大腦半球）挑出了桌上一張公雞的圖，用左手（右大腦半球）挑出了桌上一張雪鏟的圖，到這邊為止都在預料之中。可是當加扎尼加試著問P. S.為什麼看到了雞爪，卻會挑出那張不相干的雪鏟圖像時，他的答覆卻出乎加扎尼加的意料。加扎尼加本來預期P. S.負責說話的左大腦半球根本沒有看到雪景，被要求解釋為什麼挑了雪鏟時應該會很困惑，無話可說才對。沒想到當時P. S.眼都不眨一下，馬上回答：「這還用問嗎？雞爪不是屬於雞的嗎？那你要有把鏟子，才能清理雞舍呀。」

這個意外的回答，引起了加扎尼加的好奇，所以後來又找其他裂腦人做了同樣的測試，也同樣得到了印證。加扎尼加推論，我們的左腦除了會說話之外，還擔任著「解釋者」的角色。左腦時時刻刻想要解釋所有外在的訊息，將它們融合為完整而合理的世界。在面臨無可解釋的矛盾時，也要想辦法把它解釋到合理為止。這麼看來，那些說謊不打草稿，或者善於偽造開心的回憶來自欺的人，左大腦半球恐怕都特別發達。

斯佩里與加扎尼加，以及其後許多團隊，多年持續研究裂腦人，不斷揭露前人想都沒想過的大腦奧祕。就像加扎尼加回憶自己剛踏入這個領域時的感覺：「我們就好像在滿滿是魚的養殖池裡垂釣，隨便把釣竿拋出去，馬上就有新的大魚上鉤。」即使到了幾十年後，新的裂腦人研究還是經常為科學家製造驚喜。除了前面

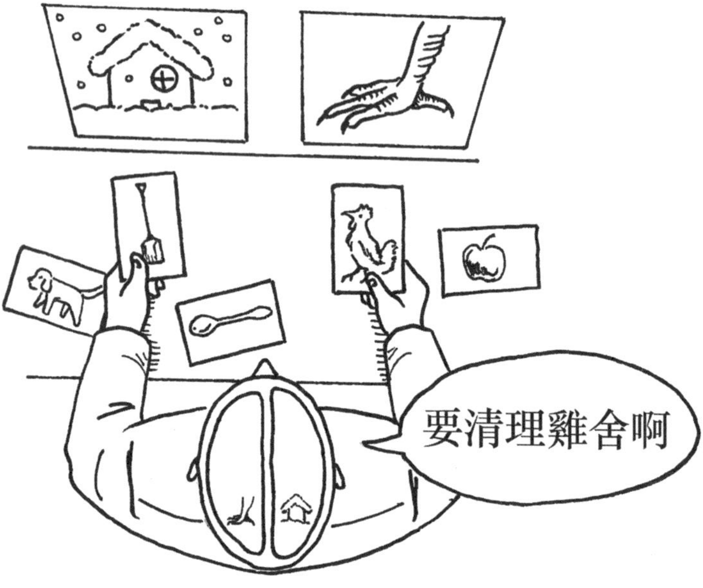

裂腦人P. S. 對雪鏟與雞爪產生連結。

提到的經典實驗之外，在此可以簡略再提幾個有意思的發現。

大腦的演化之妙

在運動功能方面，科學家發現裂腦人在學習需要兩手互相協調配合的新技能時，比正常人要困難得多。這很合理，畢竟兩邊大腦間的聯繫管道被切斷了。但真正妙的在後面，如果改要求病人學習需要「兩手各行其是」的動作技巧時，裂腦人的表現反而明顯比正常人好。這實驗方法很有意思，一般正常人如果想要同時用兩手拿筆畫圖，只有當兩個圖形一模一樣，或是鏡像反射時，才比較做得來，若是兩個圖形完全不同（例如「左手畫方，右手畫圓」），除了周伯通或小龍女之外，任何人都很難做到。可是裂腦人實驗發現，裂腦人就像周伯通或小龍女一樣，左手畫方、右手畫圓做得非常好。這表示我們的兩個大腦半球在不互相干擾的情況下，有能力分別發展出完全獨立的動作技巧，比正常人要更有效率。

在空間認知方面，實驗發現凡是牽涉到「空間概念、相關位置」的工作，讓裂腦人的左腦（右手）來做，表現總是很差，但同樣的工作改用右腦（左手）來做，表現就很好。顯示除了語言功能已知主要由左腦負責之外，空間概念則是右腦的本職學能。

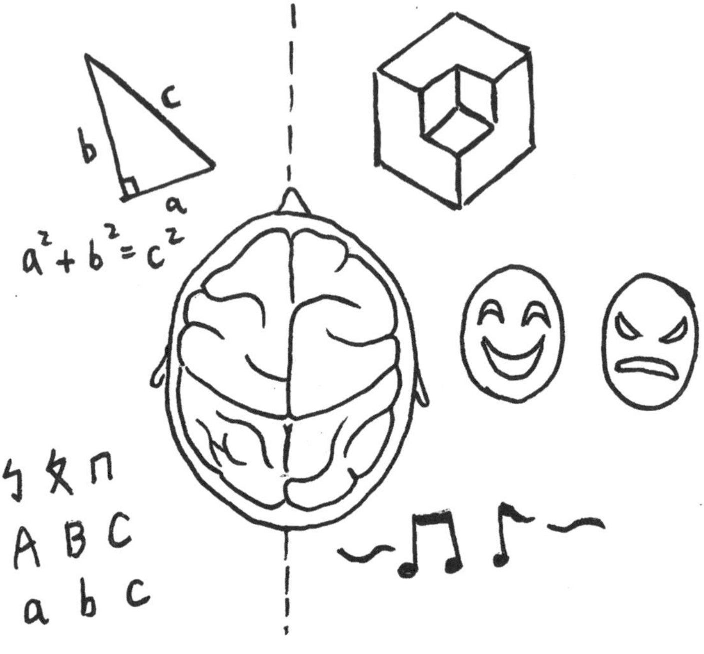

裂腦人實驗闡明了人類兩側大腦半球的本質差異。

除了空間概念以外，實驗也發現，辨識別人的臉主要是右腦的功能。有趣的是，進一步實驗又發現，辨識自己的臉卻主要是左腦的功能。這些實驗發現一再告訴我們，人的兩邊大腦半球不但是可以獨立運作的個體，甚至它們主要負責的工作也截然不同。

裂腦人實驗揭示了諸多腦科學新發現，讓它的創始人羅傑・斯佩里得到了一九八一年諾貝爾獎，得獎理由是「對大腦半球功能專業化的發現」。斯佩里於一九九四年過世，他的前學生兼長期研究伙伴加扎尼加則研究裂腦人至今，持續時間超過了五十年，依然常有建樹。

近期裂腦人實驗所探討的內容，已經超越了兩邊大腦半球的獨立性以及功能區分的課題，進入人類高級智能（甚至感情）的領域，並且有了一些初步的發現。比方說，邏輯推理、問題解決與因果關係的抽象思考能力，是左大腦半球的特長，而人際互動、判斷別人的情緒，則是右大腦半球的本領（前面提到，辨識別人的臉主要是右腦的功能，而懂得辨別他人的喜怒哀樂，正是人際互動的根本）。這些科學的發現傳揚開來，就產生了現下一般人口中以及媒體所流傳的通俗看法：「左腦是理性的大腦，右腦是感性的大腦。」這說法雖是過度簡化，有點譁眾取寵，但其根源卻來自於超過五十年的科學工作累積。

說到底，我們的大腦當初是怎麼會形成兩邊半球各行其是、各司其職的樣貌呢？研究裂腦人超過五十年的加扎尼加認為，這要從物種演化以及個體發育「空間利用」的方向去思考。大腦有可塑性，這個可塑性在腦子越年輕時越活躍。對於腦裡面裝著的種種功能，我們可以把它們想像成是陸續塞到腦子這間房子裡面的家具。胎兒在還沒出生之時，已經有身體跟肢體的動作，也能感受到周遭的聲音與觸感，因此大腦早已經被裝進了運動與感覺的功能，左半球負責右邊身體，右半球負責左邊身體。但出生前還不會有語言功能，出生之後，孩子接觸到語言，開始學講話時，語言與邏輯這些功能就要在大腦裡找位置塞進去。同樣地，開始學習辨識人臉時，也要在腦中另找個空位置塞進去。之前已經塞了東西的位置，若沒辦法再塞，就只好把空間省著用。比方說，語言的功能產生時，大腦已經有點擠，沒辦法把它平均塞到兩邊，那就只塞到左大腦好了；辨識人臉的功能呢？就塞到右大腦好了，這就是節約有限的倉儲空間的概念。

如果右腦需要用到語言，或是左腦需要辨識人臉的時候怎麼辦呢？不是有胼胝體這條高速通道在嗎？想用的時候，馬上到對面去取就好了。這是大自然的演化之妙，照原先的設計，兩邊大腦雖然塞著不一樣的東西，但由於彼此的交流十分順暢，根本不可能將它們區分開來。大自然當初當然不曾料到，還會有胼胝體被切斷的裂腦人這種「新人種」出現。

回到最初的問題：我們擁有的人格與自我只有單一一個嗎？還是其實每個人都擁有兩個不同的人格與自我，只是因為有胼胝體的存在而看不出來？目前對這個問題當然還沒有答案，主要是因為到底「人格」是什麼，而「自我」又是什麼，到現在為止還沒有辦法定義得很清楚。但是越來越細緻的腦科學研究，越來越多對腦的本質的了解，終將逼使我們直面這些問題，並獲得答案。

裂腦人實驗的成就可以說明，腦科學研究的突破，除了長期的努力之外，更需要相當豐富的創意。裂腦人研究的先驅斯佩里就曾在他的學生——裂腦人研究集大成者加扎尼加——年輕時，對他耳提面命：

> 先嘗試就對了，在你還沒得到自己的觀察結果前，先別去看前人的結論，要不然你可能就會被別人的定見所蒙蔽了。

對於任何有意探索新知識的研究者來說，這段話應該可以當作重要的指引。

被附身的手

人對自己肢體的「擁有感」竟非天經地義，顛撲不破？

我們從出生就帶來會動的四肢，並且對大部分的人來說，手腳會跟著自己一輩子，聽從指揮，學會各種各樣的新技能，做出任何想要它們做的事，不是嗎？換句話說，我們非常習慣自己的兩手與兩腳，是「我」這個個體密不可分的部分。應該很少有人會去想像，有一天一隻手忽然脫離了控制，擁有了自己的意志，隨意做它自己想做的事，甚至攻擊主人吧？

在一九六四年出品的經典電影，由史丹利．庫柏力克（Stanley Kubrick）執導，彼得．謝勒（Peter Sellers）主演的《奇愛博士》（*Dr. Strangelove*）中，主角奇愛博士的身上就發生了難以想像的事：他的右手不聽指揮，會自己做出種種怪異的手勢，胡亂揮舞，甚至還會去掐住博士的脖子，逼得他要用左手強力拉開它，以免自己的右手把自己掐死。

另一部一九八七年出品的恐怖片，由山姆．萊米（Sam Raimi）執導，布魯斯．坎貝爾（Bruce Campbell）主演的《鬼玩人》（*Evil Dead II*）中，男主角的右手被邪靈附身，不斷攻擊自己，逼得男主角不得不「壯士斷腕」，忍痛把自己的右手切掉，裝上電動鏈鋸，對邪靈展開反擊。

有如邪靈附身的怪手。

手有了自己的意志？

自己的手不聽自己的指揮，會做出種種奇怪甚至危險的動作，這種情節照理說只應該在幻想或恐怖電影中才會發生。然而大師級的德國神經科醫師寇特．郭德斯坦，在年輕時卻真的遇到了這種不可思議的怪事。

一九〇八年，三十歲的郭德斯坦收治了一位五十七歲的女病人，這位病人說她的左手「擁有自己的意志」，會不受控制地動來動去，碰到了什麼物品就自動把玩一下，如果沒有用眼睛緊盯著，根本就不知道自己的左手正在幹些什麼事。更恐怖的是，這隻手好像懷有惡意，跟奇愛博士的怪手一樣，時不時會掐住這位女士自己的喉嚨，迫使她要用另一隻手來拉開它。事實上，這位女病患真的就對郭德斯坦醫師說：「這隻手一定是被邪靈附身了！」

年輕而聲名早著的郭德斯坦醫師，對這個奇異的現象感到大惑不解，也不知該怎麼去治療它，於是就像任何一位具有研究精神的醫師一樣，把這個看不懂的怪異病例寫成了論文，刊登在德國的神經及精神科期刊上面。

郭德斯坦雖然首度針對這個症狀發表了論文，但他並不是第一位見識到這類怪異疾病的醫師。就在他發表這個病例的前幾年，同在德國的另一位神經科醫師

※雨果・卡爾・利普曼（Hugo Karl Liepmann），1863–1925，德國神經科暨精神科醫師。

雨果・卡爾・利普曼

雨果・卡爾・利普曼就曾經描述過某病人的類似症狀：「他的左手做什麼都很正常，但右手會自己做些不相干的動作，……倒水的時候，左手才剛拿起水瓶，右手就把空杯子湊到了嘴邊，……右手還常常自動地把左手拉到身前，然後拍起手來。」

在利普曼醫師與郭德斯坦醫師的報告之後，陸陸續續也有其他醫師發表了類似的病狀。這種怪病雖然並不常見，只被零零星星看見過，但由於太過光怪陸離，所以特別引起醫學界注目。從一九四〇到六〇年代間，接連有不少相關的病例發表出來，直到一九七二年，才由法國的布里翁（Brion S）與傑帝納克（Jedynak CP）兩位醫師，在他們用法文發表的論文中，整理了一些病患的症狀，然後替這種怪病定下了「異手症」的病名。

大腦排線出了問題

異手症的症狀，在旁觀者看來，已經夠驚訝的了，可想而知，患者本人體驗起來，更是非常恐怖。曾有病人這樣描述自己的症狀：

「我當時正在坐公車，發現有一隻手從我的右後方伸過來，想要抓住我。它牢牢抓住了我的褲腿不放。起先我以為有人在攻擊我，可是隨即發現，那是我自己的右手。怪的是，我的眼睛明明看到那是我的手，心裡卻總感覺那不是我的手。後來那些手指做出爬行的動作，接著整隻手臂也跟著抽動起來。我實在控制不了它，最後只好用我的左手把它抓緊，壓制下去。」

異手症雖然不時見於文獻，但在現實中卻非常見。我自己在多年的神經科醫師生涯當中，也只看過四、五例而已，大多數都是腦中風所造成的。每一位的臨床表現都很「精彩」：有病人的手會大幅度揮動，做出種種怪異手勢；有病人的手會自發性摸索周邊的任何器物，摸到了就緊抓不放，或者做出要使用那器物的動作；還有病人在想要用正常的那隻手做事的時候，那隻「異手」就會過來搗蛋干擾，不讓他完成。

異手症在各個不同的病人身上表現都稍有不同，然而其共同的特徵就是：一、病人覺得那隻手不屬於自己；二、對於那隻手做出的動作，病人自己不知道也不能控制，有如受到他人操控一般。妙的是，如果去碰觸病人的那隻異手，或者用針刺它，病人還是有正常的觸覺與痛覺，但他偏偏就「認定」那隻手不屬於自己。除了這些共通的認知異常之外，異手症的種種動作表現就如前面所描述那樣各有不同。

異手症對腦科學的貢獻，並不只是症狀精彩，提供談助。最重要的是，這樣奇特的病例大大刺激醫師與科學家去思考：神奇的異手症到底是如何產生的呢？大腦對身體的控制，是不是還有很多我們所不知道的祕密呢？

歷史上有案可查的異手症病例，很多都是接受了胼胝體切開術的病人。前文〈大腦的兩個靈魂〉已介紹過胼胝體切開術，就是把病人腦中連結兩邊大腦半球的胼胝體切斷。如果把兩個大腦半球想成是兩部超級電腦，胼胝體就是一大把排線，它把兩邊的主機連結，好讓彼此能互相傳遞訊息。像這麼重要的構造，醫師當然不可能沒事去切斷它。胼胝體切開術的發明是不得已的，是為了控制頑強型癲癇症。癲癇是大腦異常放電，這種異常電波會經由胼胝體這個排線，從一邊大腦半球「傳染」到另一邊，造成癲癇病情的惡化。所以，在有效的抗癲癇藥物還沒有問世時，胼胝體切開術就是防範癲癇電波由一邊大腦蔓延到另一邊的「沒有辦法中的辦法」。

除了接受過胼胝體切開術的病人可能產生異手症後遺症之外，其他像胼胝體生長腫瘤、胼胝體中風等等，也都可能產生類似的症狀。前面所提到為異手症命名的布里翁與傑帝納克兩位醫師，他們所見到的就是一些胼胝體長瘤的病人。

總而言之，追究許多異手症患者的病因，都與胼胝體被破壞脫不了關係。這讓腦科學家與神經科醫師開始思考：異手症的肇因是否是由於兩邊大腦半球之間的互相聯繫溝通出了問題？為什麼兩邊大腦半球之間的溝通不良，會造成一隻手不受掌控呢？

這就牽涉到大腦半球的「優勢」現象。

腦公司的決策、設計、生產與品管

大腦半球的優勢，是怎麼一回事？人類的兩個大腦半球，雖然大小形狀都差不多，看似一模一樣的反射鏡像，但實際上它們各自擅長的事情卻不太一樣，有點像兩位彼此合作無間的伙伴，長處卻各不相同。一邊的大腦半球，對於自己所擅長的那項工作而言，就是占有優勢的半球，稱為「優勢半球」（dominant hemisphere）。比方說，絕大多數人的語言功能都在左大腦半球，所以大多數人的語言優勢半球就是左半球。而絕大多數人的肢體動作功能也以左半球為優勢半球，左半球管理的是右邊手腳的動作，這就是為什麼大多數人的右手都是「優勢手」（dominant hand），比較靈活，而只有少數人是左撇子。

雖然照理來說，兩邊的大腦半球都獨立指揮對側的那隻手，然而實際上優勢半球除了指揮優勢手之外，它對那個掌管非優勢手的非優勢半球，也有一定程度的掌控。在這樣的統一指揮之下，兩邊的手才不會各自為政，互相干擾，這叫作「天無二日，國無二君」。而優勢半球（通常是左半球）對非優勢半球（通常是右半球）傳達掌控命令，就非經過胼胝體不可。胼胝體一旦被切斷了，非優勢半球頓時失去了優勢半球的掌控命令，自然就不管優勢半球，自己做自己的老闆，鬧起了獨立。忽然自己當家作主起來的非優勢手，就立刻興高采烈，亂動起來，甚至去干擾優勢手想要做的動作，成為異手症中的那隻「異手」了。

這個「因失聯而失控」的理論，曾經一度被認為可以完美解釋胼胝體切開術病患會發生異手症的緣故。但是隨著異手症的病例越來越多，以及大腦的影像檢查技術越來越進步，有很多新的問題就產生了。比方說，有不少異手症病患的胼胝體根本就沒事，而是腦的其他位置有所損傷，甚至有一些患者的異手症就發生在他們的優勢手，而不是非優勢手。對這一部分的病人來說，「非優勢半球因為失去掌控而鬧革命」的假說，顯然就說不通了。所以這又激發了專家進一步去想像與研究。

我們肢體的動作，例如伸手去拿一杯水，看似簡單不假思索，實際上卻相當複雜，要動用到大腦許多區域中無數神經元的交互作用，才能克竟其功。近年機器人的發展非常快速，日趨成熟，然而光是要機器手臂拿起水杯，就讓科學家絞盡腦汁，要寫出極複雜的程式，再使用極龐大的電腦運算能力才能做到，更不用說那些更精細的動作了。所以，人類的大腦對肢體的控制機能，比起任何超級電腦都要來得神祕，想要破解它沒有那麼容易。而正是針對異手症這個特異症狀的研究，幫助了腦科學家進一步窺見大腦指揮肢體動作的奧祕。

醫學造影技術的進步，可以讓臨床醫師以及神經科學家比以往更加精確定位出異手症病人腦部受損的區域。他們發現，除了胼胝體之外，異手症最常見的病變位置在額葉，尤其是額葉的內側。另外有少數異手症病人的病變位置則在比較靠後面的區域，包括頂葉，甚至是枕葉。這些位置都是所謂的動作相關區域（motor association areas），而非主要運動皮質區的所在。

另外，自本世紀以來，功能性磁振造影的技術漸漸成熟，廣泛應用在腦科學的人體研究。它可以在正常人的肢體做任何動作，甚至僅在開始產生動作的意念時，就即時看到相對應的腦部活動。因此，我們對於肢體做出動作之前、當下、之後，大腦分別發生了什麼事，就有了更清晰的概念。

直接指揮手臂的肌肉收縮出力的，就是腦的主要運動皮質區，然而整個動作的設計、起動，以及全部動作過程中的監控，牽涉的就遠遠不只主要運動皮質區，而要靠前述所有的動作相關區域與主要運動皮質區相互配合才行。

動作要能順利執行，需要大腦各區共同協力。

用比喻來說好了。假設大腦是一家大公司，它的產品之一是「拿起一杯水」，那麼額葉就是公司的老闆兼企劃，他決定要做這個產品，然後又指定了整個產品的規格要求。主要運動皮質區就是生產部，負責實際動作，產出「拿起一杯水」這個實物；而頂葉與枕葉這些區域則是品管部，負責即時監控產品製造過程中的每一步，看有沒有符合老闆的要求，並隨時指示生產部加以修正。

如果決策、設計、生產與品管都沒有問題，我們就可以期待「拿起一杯水」這個產品出來時是相對完美的。但若是最後出現了「手搆不到杯子」、「手拿不動杯子」或是「手把杯子打翻了」這些瑕疵品，我們就可以斷言在決策、設計、生產與品管當中有一個或多個環節出了問題。有經驗的觀察者，通常也可以從這個瑕疵品的缺陷特徵，回推當初到底是哪些環節出了問題。

這個概念讓腦科學家對於動作相關區域的病變所造成的異手症，有了更深入的了解——額葉有了病變損傷，就如同上面說的那家公司的老闆生病了，停止了產品的決策與企劃，然而生產部的主要運動皮質區卻照樣開工，所以會做出種種缺乏規劃、隨便製造、不知何時該動何時該停的動作。而若是負責品管監控與回饋的頂葉與枕葉因有了病變損傷而停工，則會讓老闆完全沒辦法知道生產的動作是否正確，也無從修正，同樣會導致自發性的紊亂動作。

以假亂真的橡膠手幻覺

異手症症狀中的病人「做出自己不知道也不能控制的奇怪動作」這一點，至此大概有了解釋。然而它的另一個主要症狀：病人「覺得那隻手不是屬於自己的」，又是怎麼回事呢？我們覺得自己的手屬於自己，豈不是與生俱來、天經地義的事嗎？難道我們對自己身體的「擁有感」都可以被改變嗎？

美國匹茲堡大學精神醫學科與心理學科的兩位學者馬修・波特溫尼克（Matthew Botvinick）與約納森・科亨（Jonathan Cohen），在一九九八年設計了妙不可言的實驗。他們的實驗結果，以及其後許多腦科學家依據這個實驗原型所設計的類似實驗的發現，頗有「毀三觀」的效果。這實驗稱為「橡膠手幻覺」（the rubber hand illusion），方法非常簡單，不需要複雜的儀器，有興趣的讀者可以找自己的朋友當實驗品試試看。

實驗過程基本上是這樣的：讓受試者坐在桌前，兩隻手都平放在桌面。把他的一隻手（比如右手）用布蓋起來或用遮板隔開，讓受試者自己看不到，然後在靠近身前的桌面放一隻橡膠假手，把根部蓋住，前端讓受試者看到。接著用兩把毛刷同步去刷受試者被遮起來的真右手與眼前的橡膠右手，刷了幾分鐘之後，奇妙的事發生了，有高達八成的受試者會開始認為那隻橡膠右手是自己真正的右手。若此時把受試者的眼睛遮起來，請他用左手指出自己右手的位置，他所指會更偏近那隻橡膠手。而你若拿根針作勢向那隻橡膠手扎下去，他會尖叫著把他那隻真右手抽回。

橡膠手幻覺實驗製造出的幻覺非常不可思議，完全違背一般人的直覺。我們平時都理所當然以為，屬於我的肢體就是屬於我的，沒有人能夠騙倒我，想讓我相信我的手不是我的手，根本辦不到。可是事實上只要施以幾個簡單的視覺與觸覺的欺騙伎倆，就能夠讓大部分人「拋棄」對自己真手的擁有感，而把它「轉移」到一隻橡膠假手上面去。

這應該是首度有人證明，人對自己肢體的擁有感並非天經地義，顛撲不破，擁有感是可以轉移的。後來有科學家把橡膠手幻覺實驗結合了功能性磁振造影檢查，發現在橡膠手幻覺產生時，大腦皮質的活動會出現諸多變化，包括額葉活動的改變；而在那隻假手「即將受傷」時，大腦也會產生真實的恐懼反應以及退縮的企圖，證明了在那瞬間大腦完全相信了那個「以假亂真」的幻覺。

這些腦科學的證據讓我們知道，我們對自己身體的擁有感與自我感不是膠著的，而是動態的。它需要經常依賴身體周邊的訊息，包括視覺、觸覺等回饋來維持。當這些回饋被扭曲時，大腦對自己身體的認知就會隨著改變。

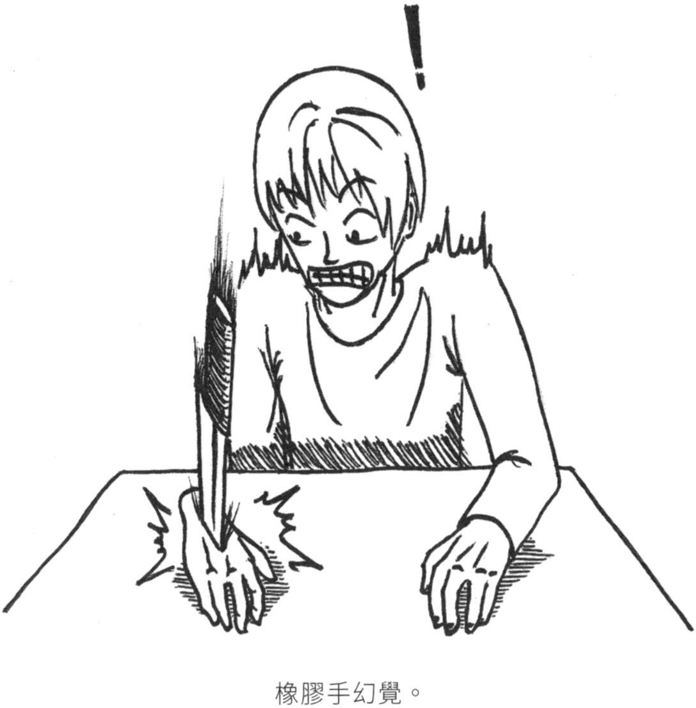

橡膠手幻覺。

回到異手症病人覺得那隻手不是屬於自己的問題，答案可能就在這裡。因為這些病人大腦有病變的關係，導致眼前明明看到自己那隻手，卻完全沒辦法控制那隻手，甚至也沒辦法從這隻失控的手得到正確的感覺回饋。為了要消除這種感官間的矛盾，大腦只好修改身體認知，自己欺騙自己，以求得知覺的統一，最後放棄對那個肢體的擁有感，所以病人就覺得那隻手不是自己的了。

異手症是奇特、罕見，卻又迷人的症狀，一直到今天為止，我們對它也還沒有完全了解。但正因為對它好奇而不斷尋找答案，才讓我們對大腦這個充滿了謎團的寶庫，又有了更深一層的認識。腦科學跟其他科學學門一樣，它進步的動力，通常都來自於人的好奇心。

感情的腦科學

感情跟記憶或語言一樣都是腦功能的一種，
在大腦裡面有專屬的特定位置與生理機制。

※威廉・詹姆斯（William James），1842–1910，十九世紀後半的頂尖思想家，被尊為「美國心理學之父」。
※保羅・艾克曼（Paul Ekman），1934–，美國心理學家，被譽為二十世紀最傑出的百位心理學家之一。

人們對大腦的了解並非一蹴而就，而是經過了漫長歲月的探討與嘗試錯誤。大致上來說，從十六世紀開始，歐洲的科學家與醫學家才普遍認識到，大腦是人類智能的所在。其後在這個基礎之上，對記憶、語言等等大腦功能的科學研究漸漸地興盛起來，才讓人們對大腦的高級功能有了越來越清楚的認識。

然而「感情」呢？感情也算是腦的一種功能嗎？人們對感情的態度，相較於對記憶、語言等等腦功能來說，有什麼不同呢？感情是從什麼時候開始引起了腦科學家的注意，而科學的研究又是如何讓我們更加了解自己的感情呢？

感情要如何研究？

人類的感情細膩而多樣，甚至到目前為止，專家對於我們到底擁有多少種感情，還是莫衷一是。古代中國人說人有「七情六欲」，這當中的「七情」，就是說人的感情分成七種：「喜、怒、哀、懼、愛、惡、欲」。十九世紀的美國心理學家兼哲學家威廉・詹姆斯，把人的感情只分為恐懼、哀傷、愛與憤怒這四種基本款。美國心理學家保羅・艾克曼在二十世紀九〇年代，把人類的基本感情擴張到六種：憤怒、厭惡、恐懼、快樂、哀傷與驚訝。此後這個感情清單變得越來越細，也越來越龐大，還有心理學者把感情細分到十五種，甚至三十幾種之多。由此可知，人們對感情的本質以及涵蓋範圍，一直都還沒有公論定見。

相對於其他高級腦功能的研究來說，感情的科學研究明顯起步比較晚，研究數量也比較少，這無疑是很奇特的事。姑且不論人類的感情到底可以細分到什麼程度，感情對人類的重要性，絕不亞於其他大腦功能，包括憤怒、恐懼、快樂、驚訝在內的種種感情，都對人類有著極大的影響。人在許多關鍵時刻所下的決定，與其說是基於理智的判斷，不如說更取決於當時感受到的感情。甚至人類歷史軌跡的許多重要轉折，也都肇因於少數人的感情反應，進一步了解人類感情的必要性不言而喻。

感情的科學研究起步較晚的原因，一部分在於比起語言、記憶、學習能力等等大腦功能來說，感情的定義更不明確，也比較難以捉摸，所以它的科學研究難度要來得更高。並且大多數人因為對感情的切身感受深刻，在心理上比較難用客觀的科學態度把感情與其他腦功能等量齊觀。也就因為這樣，一直到了十九世紀，人類的感情都還只是形而上的、僅限於哲學家或社會學家討論的題目。

達爾文研究演化也研究感情

要追溯人類的感情是如何由形而上的感受，轉化成為可以用科學來研究的腦功能，就必須先提一下最偉大的英國自然學家、地質學家兼生物學家查爾斯·達爾文。達爾文一手創造了演化論，從此改變了全人類對自己這個物種以及整個生物史的看法。繼他的《物種起源》（*On the Origin of Species*, 1859）和《人類的由來》（*The Descent of Man, and Selection in Relation to Sex*, 1871）兩本驚天之作發表後，達爾文第三部闡明演化論的著作是《人類和動物的情感表達》（*The Expression of the Emotions in Man and Animals*, 1872）。

在《人類和動物的情感表達》這本書中，達爾文綜合了三十多年來對動物以及人類感情的研究，提出兩個原創見解：第一，人類與各種動物在表達情感時的臉部表情出奇地相似，例如悲傷時流淚，憤怒時露出牙齒。第二，特定的幾種基本感情（憤怒、恐懼、驚奇與悲傷），跨越了文化甚至跨越了物種，共通存在於不同的人種與不同的物種之間。達爾文的見解激起了其後許多學者對感情的腦科學的研究興趣，對行為科學與神經科學的影響既深且遠。

既然知道感情是跨文化與跨物種，非人類所獨有的普遍現象，我們就不得不承認，感情並沒有什麼玄虛或形而上的地方，它也是伴隨著演化而來，是對物種的生存十分必要的腦功能。感情既然屬於腦功能，就跟記憶或語言等等其他腦功能一樣，在大腦裡面一定也會有負責感情這個腦功能的特定位置與特定生理機制。剩下來的問題是要用什麼工具來研究它。

與達爾文同時代的十九世紀腦科學家以及醫師，對於大腦功能的認識，大多集中在大腦最顯眼的外側表面上。例如前文介紹過的法國醫師、解剖學家兼人類學家皮耶·保羅·布羅卡，就發現在左腦的外側表面，有一塊腦皮質負責我們的語言功能，所以這一塊皮質後來就依他的名字命名為「布羅卡區」（參見〈聽大腦說話〉一章）。而對於藏在大腦的內側以及深處的那些部分，包括海馬旁迴、扣帶迴與中隔區等等部位，也就是我們今天所稱的「邊緣葉」，到底負責什麼樣的功用，當時很少有人去注意。

除了發現語言區之外，布羅卡對語言之外的大腦整體功能也充滿了好奇。由於身兼人類學家的角色，他對大腦的思考深度遠遠超過一般醫師。布羅卡研究了各超過三十

達爾文發現表達情感的臉部表情是跨物種的。

種靈長類、非靈長類動物的大腦構造，將它們與人類的腦相比較。他首先認識到不管是人類、靈長類動物，以至於所謂更「低等」的動物的腦，雖然各個部位的大小、分布各自不同，但基本的構造模式是相同的。所以布羅卡就提出不同動物物種的腦結構，其實都基於相同的模組，只有程度上的差別，而沒有本質上的相異。這在當時是非常先進而挑戰傳統的看法，尤其對於宗教信徒以及人類至上主義的信奉者來說，無異是思想上的革命。

接著，布羅卡再同中求異，發現在包括人類在內的靈長類動物大腦中，嗅葉以及扣帶迴的前半，比起非靈長類動物要來得萎縮微小化；但相反地，額葉在靈長類動物腦中比起非靈長類動物卻要碩大發達許多，尤其在人類這個靈長類動物，額葉巨大化的特徵更是分外突出。

找出感情的控制區

布羅卡獨到的觀察，讓他發表了在當時前無古人的驚世論點，就是所謂「大邊緣葉」（great limbic lobe）的概念。他認為動物在演化的過程中，適應個別物種的需要，大腦發生了結構上的變化。對人類這種最高等的動物來說，高級智能是最重要的，因此掌管最高級智能的大腦額葉就發達起來。而相對地，掌管嗅覺的嗅葉

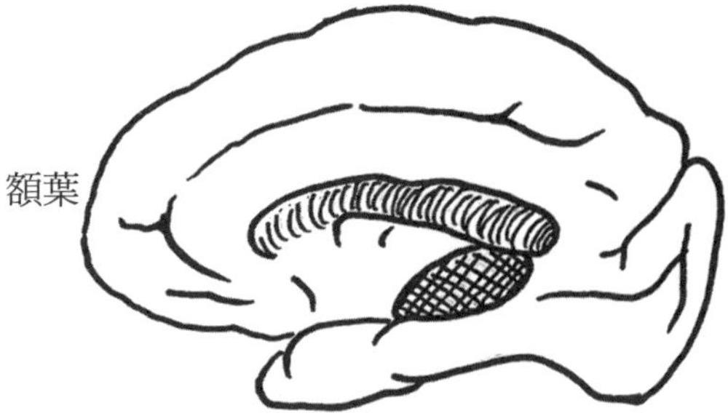

狒狒腦

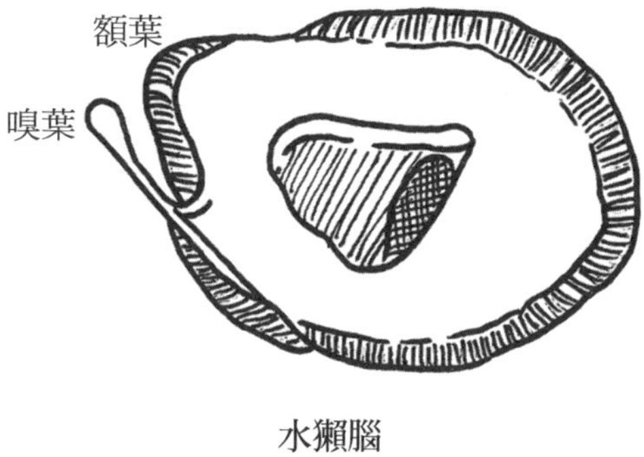

水獺腦

靈長類動物的嗅葉萎縮，而額葉則比非靈長類動物大得多。

※沃爾特・布拉德福德・坎農（Walter Bradford Cannon），1871–1945，美國生理學家。
※菲利浦・巴爾德（Philip Bard），1898–1977，美國生理學家。

對較低等動物的生存特別重要，其重要性不亞於人類的額葉，所以低等動物的嗅葉就發達起來，而不重要的額葉就很小。布羅卡想，既然人類發達的大腦額葉負責著「理性」的層面，藏在大腦的深處而與大腦外側表面相比極不發達的大邊緣葉，就應該是掌管「非理性」（獸性、直覺性）的「感情」了。

布羅卡的理論根據是基於大腦演化過程中形態的變化，雖然言之成理，但只能算間接的證據。若想要印證感情這個功能真的是由大腦的某些部位所產生，科學家就必須要親眼看到因大腦變化而導致感情變化的直接證據才行。在十九世紀以至於二十世紀的前大半，這樣的科學證據主要來自兩方面：一是動物實驗，二是腦病變的病人。

沃爾特・布拉德福德・坎農

美國的生理學家沃爾特・布拉德福德・坎農與他的學生菲利浦・巴爾德，是用動物實驗來研究感情機制的先行者。他們基本上承襲了之前達爾文的見解，認為既然感情的反應是跨物種共通於人類與其他動物之間，則人類感情的奧祕必然可以用動物的實驗來揭開。

坎農與巴爾德的實驗方法有點狠心，他們把貓的大腦皮質全部切除，然後觀察這些「無大

※詹姆斯・瓦茨拉夫・帕佩茲（James Wenceslas Papez），1883–1958，美國神經解剖學家。

腦皮質貓」的行為模式。失去了大腦皮質的貓並不會死亡，但會無緣無故突然爆發一陣陣的激烈憤怒，這在很大的程度上證明了動物的情感爆發並不需要大腦皮質的存在。所以就感情的產生而言，皮質以下的大腦深處才應該扮演著比較重要的角色才對。坎農與巴爾德就此提出了腦科學史上第一個有實驗證據支持的感情的腦機制理論。他們指出下視丘與其連結，才是大腦對外界刺激產生感情反應的中樞站，而這個感情節點平常都置於較晚演化出來的大腦皮質控制之下，因此一旦去除了大腦皮質，失去了壓抑，實驗貓就會發生那種感情的爆發。

坎農與巴爾德的主張，基本上與布羅卡的理論前後呼應。也就是說，動物的感情是由大腦深處的構造生成，而位於大腦表面的大腦皮質，身居演化的高層，則負責了對感情這種較原始功能的節制與掌控。

這些猴子從此不知恐懼為何物

差不多在同個時期，美國的神經解剖學家詹姆斯・瓦茨拉夫・帕佩茲研究人類腦病變對感情影響時，發現扣帶迴受損的病人會發生恐懼、激動及憂鬱等情緒反應，因此認為扣帶迴與感情功能息息相關。他提出包括扣帶迴、下視丘、前方視丘核，以及其間的神經連結，構成了人類感情表達的迴路。他所提出的這個迴

※海因里希·克魯弗（Heinrich Klüver），1897–1979，德裔美國心理學家。
※保羅·伯西（Paul Bucy），1904–1992，美國神經外科醫師暨神經病理學家。
※勞倫斯·維瑟克朗茨（Lawrence Weiskrantz），1926–2018，英國心理學家。

路，後來被稱為帕佩茲迴路（Papez circuit）。這個迴路的內涵，大致也與布羅卡提出的大邊緣葉相符。

一九三〇年代時，德裔美國心理學家海因里希·克魯弗與美國神經外科醫師暨神經病理學家保羅·伯西，為了做藥物與毒物的實驗，把一些恆河猴的兩側大腦顳葉切除，結果發現這些猴子的行為產生了奇妙的改變，包括性欲增強、亂吃奇怪的東西、喜歡把東西放嘴巴等等。其中一個最特別的變化，是這些猴子失去了明顯的情感反應。本來有一些刺激會讓正常的猴子感到害怕恐懼，這些動過手術的猴子卻完全不為所動，一點都不害怕。因此他們推論，大腦顳葉對動物的感情具有關鍵的影響。克魯弗與伯西在實驗猴身上所創造出來的這種特異行為模式，後來就被冠上了他們的名字，稱為克魯弗－伯西症候群（Klüver–Bucy syndrome）。克魯弗－伯西症候群後來在人類的腦病變患者身上也得到了印證。

猴子的兩邊顳葉是很大一部分的腦，包含的構造太多，克魯弗與伯西把它全部都切除所引起的感情變化，只能說明動物的感情跟顳葉有關，但不能確切告訴我們是跟顳葉的什麼部分有關。英國的心理學家勞倫斯·維瑟克朗茨，在五〇年代也在猴子身上做實驗。他只切除了猴子兩邊顳葉中的杏仁核（杏仁核是顳葉裡面小小的細胞群聚，因為形似杏仁而得名），而保留了其他部分，結果發現只要切

※保羅・唐納德・麥克萊恩（Paul Donald MacLean），1913–2007，美國神經科學家。

勞倫斯・維瑟克朗茨

保羅・唐納德・麥克萊恩

除了杏仁核，猴子就會產生明顯的克魯弗－伯西症候群。其後許多學者在動物實驗以及人類病例的研究中，發現了更有趣的事，就是動物與人類在杏仁核被破壞後，最明顯的變化就是「失去恐懼感」以及「喪失學習恐懼的能力」。換句話說，這些科學研究找到了「恐懼」這個極原始情感的中心。

美國神經科學家保羅・唐納德・麥克萊恩參照了坎農與巴爾德，以及克魯弗與伯西的實驗，進一步擴大了布羅卡與帕佩茲的概念。麥克萊恩把他們所提出的那一部分比較早演化出來且跟感情相關的大腦，稱為「老腦」（old brain），比較近期才演化出來而負責高級智能的那部分大腦，則稱為「新腦」（new brain）。基本上，這些學者都贊同人類的大腦是隨著演化之流，因應生存需求而變動的構造。從很古老的動物物種開始，大腦的感情功能就非常重要，是物種生存之必需，所以與感情相關的腦構造很早就出現，而進化到越近期的動物，需要更多的高級智能以及對感情的節制，與其相關的新構造於焉陸續產生，因而才造成這種腦結構演化上的變化。

麥克萊恩還發現，老腦與下視丘之間有著非常密切的交通連結，而下視丘這個構造，就是我們身體自主神經系統位在腦部的中樞，負責內臟的功能。因此，麥克萊恩提出了「內臟腦」（visceral brain）的概念：這一部分的大腦，同時掌管著人類的感情與內臟。這個看法，讓人很直觀就能接受。我們憑經驗已知道，感情跟我們的自主神經系統與內臟功能息息相關——我們害怕、憤怒的時候，瞳孔會放大，心跳會加快，皮膚會流汗，唾液會減少，甚至會嘔吐。過了幾年之後，麥克萊恩正式把這個內臟腦命名為「邊緣系統」（limbic system）。

理智與感情是涇渭分明嗎

自從布羅卡、帕佩茲與麥克萊恩的研究發現以及理論闡明之後，腦的「二元化」理論引領風騷了好一陣子。它的核心概念，就是外表看似渾然一體的人類大腦，實則分為新與舊二部分。舊的那一部分以邊緣系統為代表，在演化的比較早期出現，掌管我們的感情與內臟等相對「原始」的功能；而新的那一部分則以大腦外側皮質（尤其是額葉）為代表，在演化的比較晚期出現，掌管我們的理性與思考等相對「先進」的功能。

這個理論，可以解釋許多動物實驗以及臨床病例觀察到的現象。但是，動物

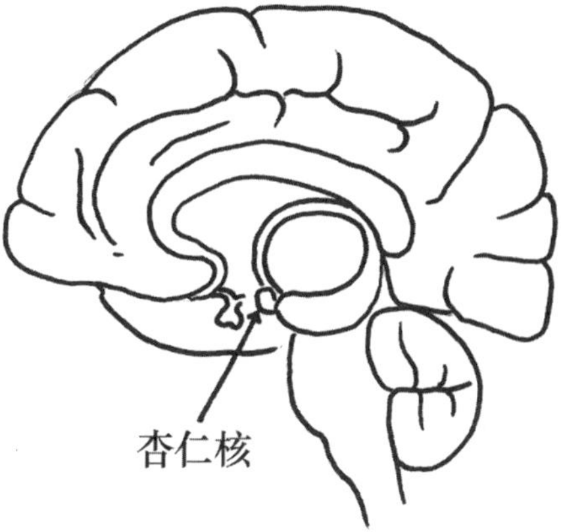

恐懼的中心——杏仁核。

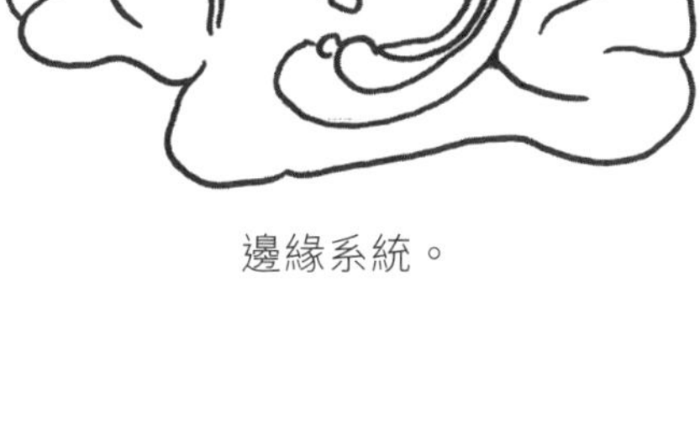

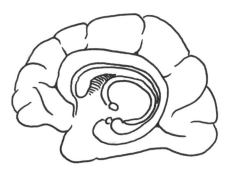

邊緣系統。

與人類的腦功能，真的可以這樣清楚一分為二嗎？理智與感情之間，真是那麼涇渭分明嗎？也許並不是這樣的。因為後來有越來越多的科學證據顯示，新腦與老腦之間的劃分，並不真的那麼絕對。

首先，在解剖上代表老腦的杏仁核、下視丘，與代表新腦的額葉之間，有著充沛而密集的神經連結，這表示所謂的新腦與老腦並非個別獨立作業，其間有許多的訊息互相傳遞著。其次，腦的演化是漸進的過程，大腦在不同時期演化出來的各個部分，不應該像積木一樣只是互相堆疊，呈現出高低階的關係而已，比較合理的方式，應該是融為一體而合作無間才對。

早在一八四八年，出現了菲尼亞斯．蓋吉這位著名的額葉損傷病例之後，額葉與人類感情之間的關係，越來越受到重視。十九到二十世紀間，醫師與腦科學家觀察到大量額葉受損病患或傷患的表現，也證實了額葉皮質在感情上的重要性。比方說，從二十世紀的三〇年代到五〇年代，額葉切除術在歐美曾經盛極一時，當時被這種手術破壞了額葉連結的病患，事後經常變得不再能感受到喜悅等任何感情，而只剩下遲鈍與漠然（參見〈額葉傳奇〉一章）。換句話說，所謂的新腦並非只掌管我們的理性，它其實也跟感情脫不了關係。

整個十九世紀以至於二十世紀的前三分之二，科學家對於人類感情的科學理論以及研究，都只能靠動物實驗，以及一些病變位置明確的腦損傷患者的臨床表現，來進行間接的推論或印證。那麼，正常人的腦呢？正常人的腦是如何執行感情功能的呢？在當時其實無從得知。大腦是極端精密的構造，而感情又是比較細膩的腦功能，想要活生生直接看到正常人腦部的感情活動，真正解開大腦感情運作的奧祕，必須要有更新的科技才行。

從七〇年代開始，磁振造影這個新技術漸漸成熟，八〇年代時廣泛進入臨床應用。它對於腦部構造造影的精確細緻程度，遠遠超過了之前的電腦斷層掃描，可以更精準定位腦內非常小的病灶。比方說，前面所提到跟猴子的恐懼有關的杏仁核，它是非常小的構造，以往的電腦斷層檢查根本無法辨認病人腦中那麼小的東西，因此也就無法確定病變的位置是否僅限於杏仁核。磁振造影普遍應用之後，就有不少醫師找出了「只有」杏仁核壞掉了而其他腦部構造都完好的病人，發現他們確實無法辨識恐懼的情緒，也失去了對可怕或刺激的自主神經恐懼反射。透過磁振造影也找到病變僅僅局限於內側前額葉皮質與前方扣帶迴的病人，確認這些地方一旦損壞，也會導致病人對感情理解困難、自身感情經驗減少，甚至合併感情淡漠，或是反過來情緒易爆發等等的異常。

感情「看得到」

磁振造影的高解析度，首度讓科學家有機會在病人身上驗證前人所發展出來的感情理論，從而得到更為篤定的結論。然而想要更進一步在正常人的腦中即時看見感情的變化，卻要靠另一種更先進的技術，也就是磁振造影的升級版：功能性磁振造影。功能性磁振造影於九〇年代問世，很快就被發現是研究腦生理的絕佳工具。它的原理是這樣的：

我們大腦的神經元跟任何細胞一樣，時時刻刻都需要能量，這能量由葡萄糖跟氧氣的作用而產生。神經元在活躍時，需要的能量比它們休息時要多得多，所以大腦某一個區域的神經元在活躍的時候，那個區域的血流量以及含氧血紅素的量就必須增加。功能性磁振造影可以分辨含氧血紅素與沒有含氧的血紅素訊號的差別，因此大腦任何區域的神經元活躍起來時，功能性磁振造影上那個腦區域就會「亮」起來，而當該區域回復休息狀態後，就又會「暗」下去。這樣一來，我們就可以看見在活生生的人的大腦中，各個不同區域的即時動態。

比方說，把你放在功能性磁振造影的機器裡，請你動一動右手，馬上就可以看到你左側大腦皮質上那個「皮質小人」的右手區亮起來。依此類推，透過觀看圖片或回憶的方式，讓你感受到憤怒、快樂或是恐懼的感情，你大腦哪裡會亮起來呢？腦科學家從開始擁有這個工具到現在為止，已經做了成百上千次這類實驗。

二十一世紀的科學家，運用這些新科技在感情領域所做的研究，雖在一定程度上印證了前人的看法，但也為我們帶來不同於前人的視野，例如杏仁核並不是只掌管恐懼，許多激動的感情都牽涉到杏仁核，只不過其中以恐懼最強烈而已。另外，恐懼等激動的感情，在腦內掀起巨大波瀾，構成廣泛的感情相關網路，所涉及的範圍遠遠不僅止於杏仁核而已，只不過杏仁核正好位居這感情網路的交通要道，所以過去才會一再被人認為其變化會影響到感情的表現。

現在已經有越來越多的研究成果顯示，大腦的感情功能牽涉到的並不只是某個（甚至某些）特定區域（例如老腦或邊緣系統），而是比之前的想像要廣泛得多。也就是說，腦中的感情活動並不是獨立、集中的，而是牽連甚廣，分散在好幾個廣泛的網路之間。這些網路最少包括知覺網路、行動網路與認知網路等等。這些新發現，在了解人類感情的本質上，為我們帶來更開闊的視野。

感情的奧祕，自古以來不知迷惑了多少哲人先賢，從達爾文的思想啟蒙開始，一直到今天擁有最先進的腦科學科技，我們雖然離完全了解它還差得遠，卻無疑已經撥開了一部分迷霧，朝著正確的路上走去。

我們與癮的距離

「成癮」並非是單純的行為模式或心理變化，
而是真正的大腦質變。

古人就懂「上癮」

現代人享受著種種醫療的便利，幾乎針對每一種疾病都能找得到藥物或治療的手段。古人沒有現代的醫療科技，他們對自身的疾病就完全束手無策嗎？倒也不盡然。古人很早就已經在自己的生存環境中，尋求到一些應付疾病的物品。一九九一年，在奧地利與義大利邊境附近的阿爾卑斯山脈冰河，發現因冰封而保存完好的天然木乃伊，他被取了個名字，叫作「冰人奧茲」（Ötzi）。經考證，奧茲生活在西元前三千三百年，是歐洲最古老的、保存最完好的人類木乃伊。在奧茲隨身攜帶的袋子中，就裝有藥用植物，包括具有殺菌與止血功能的真菌。這證明遠古時代的人類就已經懂得利用天然植物的藥理作用。

在畜牧與農耕還沒有出現之前的遠古時代，人類以狩獵者與收集者的形式生活。他們從大自然中收集的物質，包括果子、根莖、種子等等，最主要當然是作為食物之用，但是必然也曾尋找並嘗試一些性質特殊的植物，試圖用它們來解決身體的病症與不適。這樣的行為代代承襲，口耳相傳，在上古的中國就流傳為「神農嘗百草」的傳說。細想起來，這些以身驗證陌生植物功用的拓荒者勇氣十足，十分偉大，敢率先把荒郊野外那些奇形怪狀、不知道是什麼的種種奇花異卉塞到口中，咀嚼吞下，想必有不少先民也曾為此送了性命。

這些廣泛採摘嘗試的活動，讓古人有機會遇到一些特別奇妙的植物，食用之後會產生非常異樣的感受，例如快感以及幻覺。比方說，有一種名叫毒蠅傘的真菌，從早期的歷史中可以處處看到它的蹤跡，在超過四千年前的中亞地區，它就已經是許多宗教儀式的必備品。毒蠅傘裡面的毒蕈鹼會引起「靈魂出竅」的超凡體驗，在宗教儀式中用來降神，再適當也不過。

宗教用途之外，有些特殊植物則是很早就用在醫療的用途，其中最值得一提的就是鴉片。西元前兩千多年的蘇美人就已經在種植罌粟並提煉鴉片，他們把罌粟稱作「快樂植物」，顯見他們對鴉片所帶來的欣快感心領神會。人類最早的醫書之一，西元前一千五百年前古埃及的《埃伯斯氏古醫籍》（*Ebers Papyrus*），也記載了罌粟的藥用方法。西元前九世紀，荷馬（Homer）的史詩《奧狄賽》（*Odyssey*）中記載一種藥水：「摻在酒中，讓希臘的戰士喝下，麻痺了一切的疼痛與憤怒，遺忘了所有的悲傷。」據信也是鴉片。

相信你已經注意到，鴉片的醫療作用有很大一部分是製造精神的愉悅。

成癮的定義

自從人類在尋找具有醫療功用的植物過程中，遇到了種種可以改變人的精神狀態，引起快感或幻覺的植物之後，這一部分使用目的慢慢就超過了原先的醫療用途。有三種原本作為藥用的植物衍生物：酒精、菸草以及咖啡，它們都有著悠長的醫療用歷史，但由於其溫和的藥性以及怡人的口味，慢慢就被社會接受，成為常人使用的「日用品」，而非病人使用的「藥品」。

上述這些用品或藥品，都能給人帶來愉悅的感覺。人們嘗過了它們帶來的甜頭之後，就開始希求更快與更強的作用、更有效的刺激，於是就發明了更新穎的提煉技術與使用方法。比方說，傳統天然釀造的酒類（像啤酒與葡萄酒），酒精成分最多只能到達百分之十幾，人喝慣了以後會覺得太平淡，於是乎出現了蒸餾烈酒，大大提高了酒中的酒精含量，能夠讓使用者更快速達到酒醉的目的。鴉片也是如此，在人們把它純化為嗎啡，後來又成功合成海洛因，並且還發明了用靜脈注射攝取的方法之後，其強度與作用速度都有了高倍數的成長。

隨著這些欣快物質日益普遍，刺激強度日益增加，人在反覆使用它們之後，會引起特殊的身心反應：對它們越來越渴望，使用量也越來越大，一旦停止使

※尼古拉斯·杜爾（Nicolaes Tulp），1593–1674，荷蘭醫師。
※林布蘭·哈爾曼松·范萊因（Rembrandt Harmenszoon van Rijn），1606–1669，荷蘭著名畫家。
※柯涅利斯·邦提柯（Cornelis Bontekoe），1647–1685，荷蘭醫師。

用，就會產生種種不適，這就稱為「成癮」。古人很早就知道成癮之害，對這件事有著相當的戒心，但並沒有足夠的知識來理解它。物質成癮所引起的濫用，會造成個人行為的負面變化，從而導致整個社會的困擾，所以在中西各種文化以及宗教當中，成癮都被認定是不妥當而必須避免並矯治的現象。只不過在古代，成癮與濫用大多都被視為道德缺陷，是由於個人的意志不堅而引起，人們對成癮的本質並不清楚，因此雖然重視，但卻談不上真正的理解。

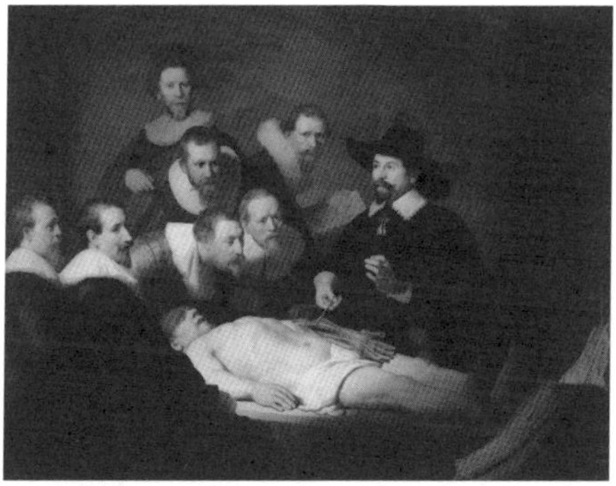
林布蘭名畫〈尼古拉斯·杜爾醫師的解剖課〉，右側立者即尼古拉斯·杜爾。

大約從十七世紀開始，才開始有醫師試圖用醫學的眼光來理解物質成癮的問題，尼古拉斯·杜爾就是其中一位。杜爾醫師在當時因為高明的醫術、正直的人格，以及對公眾事務的熱心而享有盛名。大師林布蘭有一幅名畫〈尼古拉斯·杜爾醫師的解剖課〉（*The Anatomy Lesson of Dr. Nicolaes Tulp*）。就是以他為男主角，描繪他推廣解剖學的情形。與同時期或之前的其他歐洲醫師相比，杜爾具有相當獨立的醫學見解，看法頗不一般。他與他的晚輩柯涅利斯·邦提柯醫師

※埃米爾・克雷佩林（Emil Kraepelin），1856–1926，德國精神科醫師。

主張，人會逐漸沉迷於酒精而不可自拔，其實是疾病，而非前人所認為的惡習所導致。換句話說，成癮有著生理的原因以及醫學的解釋，應該將它視為醫學的問題，而不是道德或信仰上的罪惡。可以說正是歸功於杜爾醫師的人望以及權威地位，才讓人們開始用醫學與生理的眼光來正視物質成癮這件事。

成癮與大腦變化

隨著殖民主義、工業革命以及國際貿易的興起，物質成癮逐漸成為世界性的現象。最著名且影響特別深遠的例子，是從十八世紀末開始，英國為了賺取貿易資本，將大量鴉片傾銷到中國，讓中國在短期之內出現了眾多的癮君子，導致嚴重的社會問題，清廷為了禁止鴉片，還承受了「鴉片戰爭」的衝擊。至於同一時期的歐洲本土，也正苦於酒癮等問題的盛行。到了十九世紀，這個問題越演越烈，無論是歐洲還是美洲的醫學界，都逐漸發現成癮的相關問題其實是重大的醫學課題，為此還出現了專門討論成癮的醫學期刊。

十九世紀後半到二十世紀初的德國精神科醫師埃米爾．克雷佩林，堪稱是劃時代的人物，許多精神醫學專家以及歷史學家都認為是克雷佩林為現代的科學化精神醫學奠定了基礎。克雷佩林因父親患有酒癮，造成了親子關係疏離，身受酒

埃米爾·克雷佩林

精之害，於是對酒癮的研究也格外深入。克雷佩林的學術主張，特別強調生物以及基因因素在精神疾病中所扮演的角色，這一點與同時代的精神分析學派學者（例如佛洛伊德）區別相當明顯，對其後的科學家影響甚巨。很明顯地，克雷佩林視酒癮為身體的疾病，而非心理的扭曲，必須要從生理的角度來尋求它的成因與解決之道。

不論是酒精、藥物，還是其他能取悅人的欣快性物質，人在反覆使用之後，都有可能導致成癮。那麼，成癮的生理基礎到底是什麼呢？在早年，醫師以及科學家都只能從上癮者外在的行為表現來推測。人對物質成癮的典型行為表現，包括：「強迫使用而不計其後果」、「沒法自行限制使用量」、「得不到時會情緒失控」等等。而且人一旦對某種物質上了癮，就算能夠暫時強迫自己停用，接下來忍不住又破戒的比例也非常高。這些線索都暗示著成癮並非單純的行為習慣，而是長久性的大腦變化。

所謂「知人知面不知心」，從表面來看，癮君子的行為特徵非常明確，一望而知，但是真正重要的問題是——這些行為的改變究竟是怎麼產生的？這問題在過

※唐納德・赫布（Donald Olding Hebb），1904–1985，加拿大心理學家，被譽為「神經心理學之父」。
※詹姆斯・奧爾茲（James Olds），1922–1976，美國心理學家，被認為是現代神經科學的奠基人之一。

去並不清楚。如果照十九世紀到二十世紀前期的心理學以及精神醫學的理論，任何行為的養成或改變都有它的前因後果，包含童年經驗、精神創傷、條件制約等等。然而任何「精神」的印記與行為的表現，都只能來自我們的大腦，若不能把腦的構造或生理變化與那些行為改變建立起直接的關聯，所有的理論就僅不過是隔靴搔癢而已。

加拿大心理學家唐納德・赫布，是另一位劃時代的人物。與同時代的其他心理學者不同，他認為「心理」不應該是獨立於神經功能之外的學問，兩者其實是一體兩面，因此要合稱為「神經心理學」（neuropsychology）才正確。他在蒙特婁神經醫學中心的時期，與神經外科醫師兼神經科學家懷爾德・潘菲爾德合作，研究過許多因為不同腦區域損傷而導致特定心理功能障礙的患者，讓他在建立腦與心理之間的連結方面獲得極大的成果。他的畢生研究成果大大推進了人們對大腦神經元在心理過程中所扮演角色的理解，因此後來被稱為「神經心理學之父」。

老鼠「討電」

一九五三年，三十一歲的美國心理學家詹姆斯・奧爾茲，在蒙特婁的麥吉爾大學（McGill University）跟從這位鼎鼎大名的赫布從事博士後研究，同時與他密切合作

※彼得・米爾納（Peter Milner），1919–2018，加拿大神經科學家。

的是赫布麾下另一位研究員——加拿大神經科學家彼得・米爾納。他們兩人開開心心做實驗的當下，誰也沒想到自己將會改變整個神經心理學與腦科學的面貌。

在當時的腦科學領域，科學家已經能夠很熟練地在實驗動物的腦內，用電流刺激某個特定位置，引發某種特定行為反應。例如電刺激老鼠的下視丘幾處不同區域，分別可以激發老鼠的暴食、厭食、恐懼或憤怒等等的表現。奧爾茲剛加入赫布的研究團隊時，米爾納正在對迷宮中的老鼠腦幹的網狀結構進行電刺激的研究，他們希望證明刺激網狀結構能夠強化老鼠的「正向回饋」功能，可是實驗進行並不順利，始終沒能看到預期的結果。

有一天，輪到奧爾茲來放置老鼠腦中的電極。也許因為他還是新手，技術不如師兄們熟練，他把原本應該放在老鼠網狀結構的電極，誤放到了基底前腦裡面。結果在通電之後，這隻老鼠表現出誰也沒料到的行為變化——牠反覆一直跑回自己剛剛被電刺激的那個地點，就好像想要跟人「討電」一樣。研究團隊登時大感興趣，因為過去所有研究從沒見過有這種反應。所以他們接下來就故意把提供電刺激的「供電點」位置在迷宮裡換來換去，結果這隻老鼠馬上就學會去搜尋整個迷宮，積極想要找到自己上次被電刺激的那個地點，這就證實了老鼠確實是在「討電」。

老鼠的腦中電刺激實驗。

看到這個意外而有趣的發展，奧爾茲當即把實驗的設計「加碼」。他在迷宮中裝上一些槓桿開關，可以控制老鼠腦中電極的通電與否，然後訓練老鼠自己按下開關讓電極通電。換句話說，老鼠不用再向人「討電」，而是學會自己控制開關來讓自己的腦受到電刺激。結果如何呢？老鼠會不斷按那個通電開關，而不做其他事，甚至連吃東西都顧不上。牠們反覆按下開關，每小時達到成百上千次，直到自己精疲力竭為止。不僅如此，如果用按下這個開關作為獎勵誘因來訓練老鼠跑迷宮，會明顯加強學習的成效。他們輪流測試了基底前腦中幾個不同位置，發現以中隔區刺激的效果特別好。

奧爾茲等人發表的實驗成果，在腦科學界可以稱得上石破天驚，因為他們找到了大腦的獎賞機制的鑰匙。這是科學史上首度有人證實了像學習、正向回饋以及動機這些所謂的「心理」（psychological）現象，其實都是「生理」（physiological）現象，並且可以透過生理的方法來研究，甚至人為加以操控。

奧爾茲與米爾納的發現，啟發了許多科學家進行了無數類似實驗，都導致同樣的結果。科學家也發現，除了奧爾茲與米爾納所刺激的中隔區之外，刺激腦中另外幾處構造（例如外側的下視丘），同樣也能對老鼠引發獎賞的效果。這些構造的總和就被通稱為「獎賞系統」（reward system）。用電來刺激老鼠的獎賞系統所得到的反應，與給牠天然獎賞（例如食物）類似，都會增強牠的動機。不同的是，用電來刺激獎賞系統，比起給予天然獎賞的效果要強烈得多，老鼠為了能一直控制開關來刺激自己，甚至會放棄進食——正常來說，老鼠在得到天然獎賞之後會暫時滿足，吃飽後有一段時間不會再去尋求食物；然而給了牠控制那個電開關後，牠卻會一直壓它而不知饜足，直到自己虛脫為止。

腦的自我電刺激實驗，後來延伸到老鼠之外的其他脊椎動物，結果在每一種被測試的動物腦中，都可以找到同樣的獎賞系統。換句話說，獎賞系統是跨物種的共通腦生理現象。

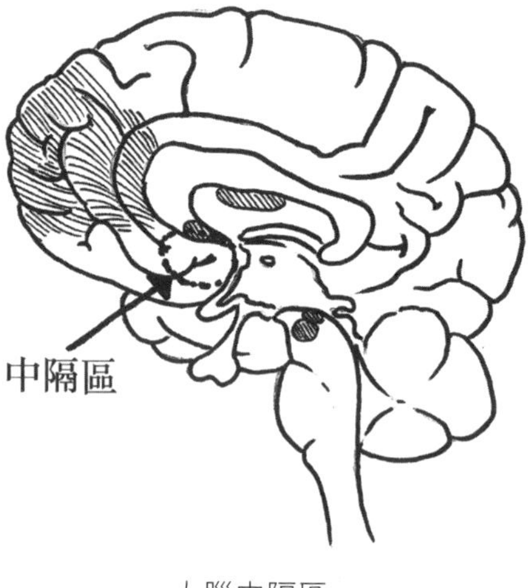

大腦中隔區。

人腦的獎賞系統

人類腦中也有獎賞系統嗎？科學家當然不可能把人抓來做這種實驗，但是偏巧就在奧爾茲發現老鼠獎賞系統的同時，美國紐奧良杜蘭大學（Tulane University）的精神科醫師羅伯特·加爾布拉斯·希斯，就正在他的病人身上興高采烈地做著腦的電刺激試驗。希斯醫師聲名赫赫，為精神醫學以及腦科學界留下了很多重要的發現，然而他也是很有爭議的人物，因為他在還沒有堅強的科學證據支持的當時，就把電極植入病人腦中，試著用各個不同位置的電刺激來治療精神分裂症、癲癇症、頑強疼痛等各種病症。當時甚至謠傳說希斯醫師是在美國中央情報局以及軍方委託資助之下，進行這些違反醫學倫理的人體試驗。

不論如何，希斯於五〇到六〇年代間，在不少病患的腦中植入了電極，用通電刺激來治療疾病，獲得了程度不一的效果以及副作用。一九六〇年時，也許是受到奧爾茲與米爾納的啟發，希斯首度刺激了病人的中隔區，結果在患者身上激發了類似於奧爾茲的老鼠的獎賞反應。至此，脊椎動物的獎賞系統理論中所缺的那一塊人類拼圖，也被填補了起來。

在接下來數十年間，科學家做了相當多的研究探討這個獎賞系統，有了一些

※羅伯特·加爾布拉斯·希斯（Robert Galbraith Heath），1915–1999，美國精神科醫師，其研究引發不少爭議。

非常重要的發現：首先，整個獎賞系統的範圍，比起奧爾茲與米爾納當時所知要更廣泛一些，它起碼包括了腹側紋狀體、腹側蒼白核、中腦的多巴胺神經元、視丘、眶額皮質、前扣帶迴皮質、前額葉皮質、杏仁核、海馬迴、外側韁核，以及一些腦幹的神經核等等，是連結緻密、交互作用細膩的複雜系統。其次，獎賞系統中最關鍵的神經傳導物質是多巴胺。

大腦獎賞系統的功能，簡單來說，就是讓生物體在嘗到「甜頭」（例如美食、性、賭博贏錢等等）時產生「爽」與「想要」的感覺，從而萌生追尋的動機、學習的效應與再度滿足的策略規劃。它本來是生物為了生存與趨利所演化出的不可或缺的腦機制。然而我們不要忘記，演化所遵循的是大自然，獎賞系統針對的是「自然」的甜頭（好的刺激或行為）。如果有某種刺激的性質或強度，遠遠超出了自然的範圍，腦會發生什麼變化呢？前述對於老鼠腦的電刺激，就是遠超出自然強度的獎賞，所以才會造成老鼠不斷追尋那個刺激，直到自己虛脫為止。

就人類來說，要觀察到這種對大腦獎賞系統超乎常情的強烈刺激，並不需要將腦袋打開，也不需要對大腦通電，因為我們有「成癮物質」。在針對老鼠獎賞系統的眾多實驗中，科學家發現如果在獎賞系統中一些關鍵位置注射安非他命、可卡因或嗎啡等成癮性藥物，就會產生跟電刺激類似的效果，例如多巴胺的飆升、獎賞迴路中神經元的興奮以及動物行為的改變等等。這在人類身上也得到了驗證，人在吸食這些藥物後，藥物一到達腦部，腦的獎賞系統就會大幅興奮起來，其程度之強烈，是任何天然的刺激（例如食物與性）所無法望其項背的。這種超強烈刺激對大腦的影響，反映在動物或人類的行為表現上，就是對該藥物過強的渴望、無法簡單得到滿足，以及無視於它所帶來的負面後果。

更重要的是，當大腦反覆、多次受到這些藥物的刺激後，產生的行為改變會越趨強烈，並且形成慣性，無法回復。近年來研究工具的進步，讓我們知道對大腦獎賞系統反覆過度的刺激，會在根本上改變其迴路結構、細胞生理，甚至分子與基因的表現。原本用來「趨利避害」的大腦獎賞系統，就此被扭曲成為「沉迷其利而不知其害」，再也難以復原。

這些科學證據告訴我們，所謂的「成癮」並非是單純的行為模式或者心理變化，而是真正的大腦質變。這就可以說明上癮者為什麼會渴望那些東西到離譜的程度，甚至為它們殺人、搶劫、坐牢都在所不惜。一般人很難理解，但其實那就是因為他們的大腦已經產生質變，利與害的天平已經嚴重傾斜，不再具有平常人的理性判斷的緣故。

不同的物質或行為的成癮，其大腦的變化是一致的。

新形態的成癮問題

成癮的現象，並不是只會發生在嗎啡、安非他命等等「違法」的藥物而已，日常生活中的諸多日用品，像是酒精、菸草、咖啡等等也都會有成癮現象。雖然它們的強度與後果的嚴重度各不相同，但它們成癮的腦機制都極為類似。此外，本世紀以來，腦科學家也逐漸注意到「行為成癮」(behavioral addiction) 的新問題。

所謂行為成癮，是指一些人上癮的對象，不是吸食進身體的藥物或菸酒等物質，而是他自己的某些行為。最明顯的例子像是暴食（對食物成癮）、賭癮、性癮、購物癮等等，都是真實存在的病症。最近幾年隨著科技進步，還多出來了網路上癮與電玩上癮，也都屬於行為成癮。這些病症在傳統精神醫學的角度來看，都是一些心理與行為的偏差，然而在腦科學家對藥物成癮的機制有了比較清楚的認識之後，回頭再來研究這些行為成癮症，就發現它們不論是在致病的成因、成癮後行為的表現、腦迴路的傳導物質與電學特徵，還是患者的腦功能性造影變化上面，都與藥物成癮的患者雷同，是長期對腦的獎賞系統反覆不當刺激所導致的病變。這些新發現，對當下尚不明確的行為成癮的防範與治療方向，有著很大的啟發。

「成癮」這個人類的古老問題，經過科學家數百年來的努力，終於讓它擺脫了泛道德的罪惡標籤，以及曖昧的心理行為偏差理論，確認為一種腦的變化。雖然直至今天為止，我們對成癮腦變化的認識還不算完整，但是對它的成因與病態生理已經有了相當程度的了解。在這個成癮物質與成癮行為日益普遍的當代，腦科學在此一領域的進步，可謂是來得及時，為人類此後亟需的解決之道提供了利器。

繆思女神的科學

創意能被測量嗎？

大腦掌管我們的生活，讓我們能趨利避害，讓我們能生存繁衍，讓我們能依據周遭的刺激與環境的變化，做出最適切的反應。這已經夠神奇的了，但還有更神奇的，就是人的大腦偶爾還可以跳脫日常的需求瑣務，創造出某種全新的東西。阿基米德（Archimedes）在悟出了重量相同但質料不同的物體，排除的水量也不相同的那個剎那，狂喜地從浴缸跳起，光著身體狂奔到街道上，口中大喊：「Eureka! Eureka!」（「發現了！」「有了！」）米開朗基羅（Michelangelo）靈光乍現，廢寢忘食，如癡如狂在梵蒂岡西斯汀教堂的天頂塗抹〈最後的審判〉（*The Last Judgment*）；莫札特（Mozart）聽到一段簡單的旋律，馬上就在鋼琴上即興奏出了好幾段不同的美妙變奏；釋迦牟尼坐在菩提樹下苦思七天七夜，晚上看到滿天繁星，頓時豁然開悟。在那些神奇的關鍵時刻，這些人的大腦發生了怎樣的變化呢？而又是什麼樣的大腦特質，讓某些人比其他人更受到女神繆思（Muses）的眷顧呢？

開始研究創意

「創意」（creativity），從遠古以來就被蒙上了相當神祕的色彩。在西方，古希臘的哲學家把創意看成是某種神聖力量賦予凡人的禮物；在東方，中國南朝江淹夢見郭璞向他討還了彩筆，從此就寫不出好的詩句（「江郎才盡」的典故），也把

阿基米德從浴缸跳起，光著身體大喊：「發現了！」

※喬伊．保羅．吉爾福特（Joy Paul Guilford），1897–1987，美國心理學家，以研究智力而著稱。

創意當作是天的賜予，由不得自己。西方一直到了文藝復興以後，人們才慢慢知道人的智能表現來自於大腦，並且從十八世紀開始，大腦中哪些構造掌管哪種智能、用什麼方式來掌管，就已經是腦科學探索的重點。然而創意這領域卻還是一直被科學家敬而遠之，一直到了二十世紀的後期，才開始有人涉足創意的研究。

早期科學家不去碰創意的理由很簡單，一個原因是創意本身就比較複雜與抽象，不像記憶或語言功能那麼單純清楚，另一個原因則是缺乏適當的研究工具。我們想要測量人說話說得好不好、記東西記得牢不牢，都早已有相應的語言與記憶測量工具可以使用，但是創意呢？我們要怎麼去測量誰比較有創意、誰比較沒創意呢？又該如何評估一個人的創意能力進步還是退步了呢？所以，創意的腦科學研究起步要晚得多。

二十世紀的美國心理學家喬伊．保羅．吉爾福特首先注意到這個問題，並且提出他的看法。吉爾福特本人主要的研究重點是人類智能的各個面向，重要的成就之一是提出了智能的三維模型（three-dimensional model），以及擴散性思考（divergent thinking）的觀念。他在一九五〇年的美國心理學協會（American Psychological Association, APA）大會中，以協會主席的身分，呼籲研究創意這個領域。他認為人的創意才能不論在工業、科學、藝術，還是教育等等各方面都太重要了，然而到當時為止，都還沒有針對人類創意的科學研究，那是很不對勁的。

吉爾福特在那個當下提出上述的呼籲，可以說適逢其會。因為當時美國的社會氛圍也正充斥著一股對創意的鼓吹風氣，社會大眾對創意能力狂熱吹捧，而其內容並不盡然是科學的。其中一位代表性人物，是亞歷克斯・費克尼・奧斯本，此人是美國廣告界的傳奇人物，他與人合作創辦了BBDO（Batten, Barton, Durstine & Osborn）廣告公司，並且在美國經濟大蕭條之後，力挽狂瀾，拯救了公司的生存。然而這位顯然很有商業才能的商界巨頭，卻在一九四〇年代開始「斜槓」成為暢銷作家，並且慢慢淡出商界，變成專職作者，而他的寫作主題就集中在創意。

奧斯本出版了好幾本鼓吹創意的書，「腦力激盪」（brainstorming）的概念就是他在一九四二年的《如何想出來》（*How To Think Up*）一書中首先提出，並且把它應用在自己的公司經營上。不過他最出名並且最有影響力的書，則是一九五三年的《應用想像力：創意解決問題的原則與步驟》（*Applied Imagination: Principles and Procedures of Creative Thinking*），這本書不斷再版，被翻譯成好多國的語言，風行世界。在書中，奧斯本提出的核心概念是：一、創意對現代美國社會極端重要；二、任何人都擁有巨大的創意潛能；三、腦力激盪是激發這個潛能最好的方法。

回顧當時，很難說是吉爾福特影響奧斯本較多，還是奧斯本影響吉爾福特較

※亞歷克斯・費克尼・奧斯本（Alex Faickney Osborn），1888-1966，美國創意理論家。

腦力激盪是激發創意最好的方法。

大，總之他們一位在學術界大聲疾呼，一位在商界以及社會上大力鼓吹，在那個時代掀起了從政府到民間對創意的研究以及應用的風潮。尤其是他們讓社會大眾體認到，創意並非是少數「天才」獨占的專利，而是每一個人都擁有並且可以加以訓練與改善的才能。就是在那樣的氛圍之下，科學家對創意的心理學與腦科學研究，才越來越興盛起來。

「創意」到底是什麼？

任何科學研究，都需要有明確的研究對象以及清楚的研究方法。想要研究創意，就必須先界定創意到底是什麼。吉爾福特本人在一九五〇年那場主席演講之後的二十多年間，做了許多創意的心理學研究，在很大程度上釐清了創意的定義，並提出測量創意的方法。他提出創意是「對難題的敏感度」，表現為「擴散性思考」，就是能夠產出好幾種不同的想法，創造新的思考模式，用舊的知識或事物產生出新的意義或使用方法。後來擴散性思考成為吉爾福特創意概念的核心，並以流暢性（能產生大量的想法與解法）、靈活性（對單一難題能同時提出多種不同形式的解法）、原創性（能提出前所未見的新想法）與精細性（能夠把一個主意的許多細節在腦中系統化與組織化然後運用）這四個面向來衡量創意的多寡。

從一九六〇年代到七〇年代，產生了許多針對創意的心理學研究，當時的研究重點主要集中在把創意當作具有個別差異的人格傾向，企圖分辨出比較有創意的人與比較沒有創意的人的差別。而從八〇年代到九〇年代，對創意的研究則擴大到了每個人的日常創意表現，探究哪些智能因素以及環境因素會影響個人的創意。經過幾十年的研究經驗，心理學家對創意的本質也有了比較簡單明確的共識：創意就是解決問題的能力，但這個能力一定要符合「原創」（新奇、跟別人想的不同）與「有用」（確實能有效解決手上的問題）這兩點要求。

這些年下來的心理學研究，大致釐清了有哪些心智能力的結合才能夠產生創意。具體而言，創意的發生，必須要有三個要素的結合：心智探索、遠距關聯的認知與重組，以及智能彈性。

心智探索（mental exploration）：我們的心智累積了大量的記憶、資訊、觀念、想法，心智探索就是在這些看似雜亂無章的大量訊息當中，「上窮碧落下黃泉」，不帶有任何目的自在漫遊的能力。

遠距關聯的認知與重組（recognition and recombination of remote associations）：能夠在大量看似沒有明顯相關的記憶、資訊、觀念、想法之中，看出彼此的相關性，並能將它們重新組合成有用整體的能力。

智能彈性（cognitive flexibility）：能夠擺脫既有的思考模式與成見，在不同的觀念間自由轉換，並用它們來創造出新奇組合的能力。

想像我們的腦子是裝滿了各種亂七八糟雜物的大倉庫，所謂的「動腦筋」，就是要在這個大倉庫裡面找到適當的工具，來完成手頭的任務。一般情況下，我們進去、找到了這項工具，任務就成功了；若是發現裡面沒有這項工具，任務就失敗了。據此便可以理解什麼是「創意」了——就是我們在那個大倉庫中，怎麼也找不到合用的現成工具，所以我們就東看西看、翻翻找找，發現有幾件平常風馬牛不相及的小零件，試著把它們拼拼湊湊，像馬蓋先（MacGyver）一樣，硬是造出了以前沒見過的新工具，並且可以用它完美解決手頭的任務，這就是創意。

這些心理學的研究，把創意定位為每個人都具有的潛能，可以藉著適當的思考訓練方式來激發改進。這對大眾來說無疑是深具吸引力的，所以從七〇年代開始到現在，除了有成千上萬的創意相關科學研究如加速度般成長之外，各行各業的創意訓練課程也如雨後春筍般出現。這些增進創意表現的思考訓練，未必都有堅實的科學背景與根據，但確實也能達到某些程度的效果。這讓人更想要知道，創意的發生跟什麼大腦活動相關？而這種形態的大腦活動是可以複製或改變的嗎？傳統的心理學研究固然能界定創意的本質，甚至發現增進創意的方法，卻沒

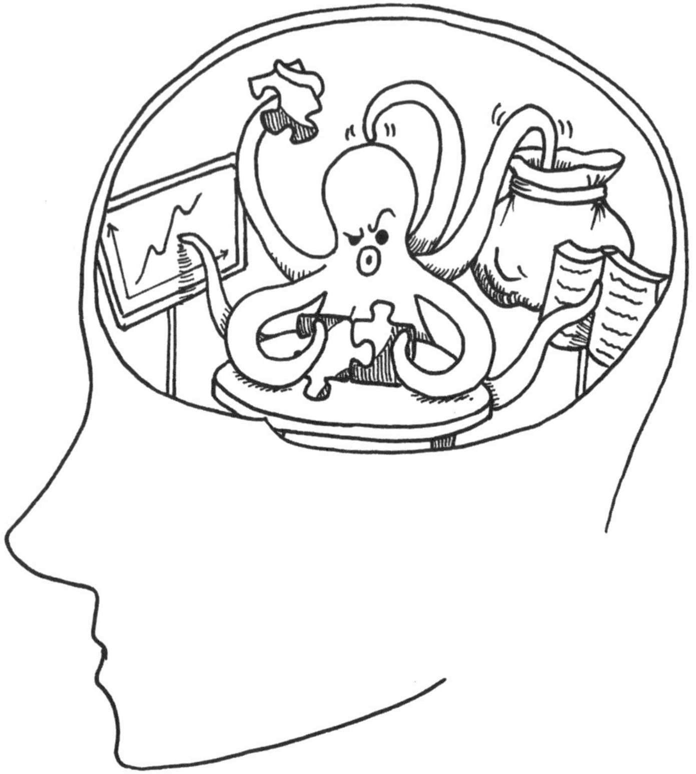

創意是在大腦倉庫中的尋覓、重組與創造。

有辦法直接觀測大腦的活動，要做到這一點，必須要借助新穎的腦科學研究工具才行。

新工具的出場

從一九九〇年代開始，腦科學家就嘗試用各種方法來觀測創意的大腦活動，使用的方法隨著科技的進步也在變化。大致來說，分為監測大腦的電氣活動與監測大腦的能量活動兩類：前者例如腦波圖與事件相關電位（event-related potential, ERP），後者例如功能性磁振造影與正電子發射電腦斷層掃描。在給受試者進行創意測試（例如擴散性思考的挑戰、設想一個圖形設計、改進一段音樂旋律等等）時，同步監測他們的腦部活動，就可以過濾出與創意相關的大腦活動。

其理論基礎相當簡單直接，當大腦某個區域的細胞要工作時，它們會需要更多的能量，所以在那個區域的耗氧量與血流量都會增加。藉著測量腦部的耗氧量與血流量變化，便能即時觀測大腦的哪個區域正在工作。比方說，掃描中請受試者講一句話，當下就可以看到他的左腦語言區開始活躍；請他左手握一下，就可以看到他的右腦運動區掌管左手的那一部分皮質開始活躍。這無疑是用來探知腦部各個不同區域的執掌的利器。

※馬庫斯・賴希勒（Marcus Raichle），1937–，美國神經學家。

二十多年來關於創意的大腦活動的研究，成果非常豐碩，先講講其中最概括性的、大家都一致認同的發現：

第一，跟其他腦功能（例如語言、記憶）大不相同，大腦並沒有特定的局部區塊「負責」創意這個功能。大腦在發揮任何一種領域的創意時，都有大片大片的眾多不同腦區域一齊活躍起來。

第二，過去流行了很長一段時間的「右腦是創意的大腦」的腦科學傳說，徹底被打破了。由於語言與邏輯功能早經證明集中在左大腦，導致一般大眾以及部分科學家認為與藝術、音樂等活動相關的創意，就應該集中在右大腦。結果事實證明在創意發生時，兩邊大腦的活躍程度等量齊觀，都很廣泛，完全沒有偏重哪一邊的現象。

可是隨著研究經驗的累積，有一個出乎腦科學家意料之外的發現，大大改變了他們原先對腦部運作的想法。

大腦從不放空

美國的神經科醫師、華盛頓大學醫學院的馬庫斯・賴希勒教授，數十年來都從事功能性磁振造影與正電子發射電腦斷層掃描的腦功能研究。他在九〇年代的

馬庫斯・賴希勒

後期，注意到一件有點意外的事：受試者在做一些特定工作時，相對應的腦區固然會如預期般活躍起來，耗氧量升高，可是同時在其他一些不相干的腦區，卻會相反地出現耗氧量降低，也就是活動下降的現象。腦子在做工時，相關腦區變活躍是理所當然，但其他腦區的活動反過來被壓低了，又是怎麼回事呢？

賴希勒以及其他腦科學家把注意力集中到這些被壓抑的腦區，經過反覆的實驗測試終於發現，這些大腦區域在沒有處理任何特定的工作時，反而一直維持活躍，算是腦的基本態，而大腦一旦開始動用某個腦區要完成特定任務時，這個基本態的活動反而會被壓低消停。這個發現非常有意思，它告訴我們，大腦沒有真正的「休息」。我們在發呆放空，沒有做任何有目標的工作時，大腦的特定區域反倒特別活躍起來。這些腦區涵蓋很廣，包括內側前額葉皮質、後扣帶迴皮質、楔前葉、顳頂交界區、下頂葉、角腦迴等處，這些區域的總和，後來就被命名為「預設模式網路」（default mode network）。

回過頭來想想，其實很好理解。我們的大腦當然不會有真正「放空」的時候，大腦在沒有立即需要處理的工作（打電玩、解數學題、跟人說話、畫畫……）的時候，它就會自動進入「漫遊模式」，做起白日夢來（剛剛路上遇見那人長得不錯……令狐沖能打贏楊過嗎……昨天晚上吃了什麼來著……），這種不為了應對外界需求的自發性腦部活動，就是「預設模式網路」活躍的原因。

賴希勒等科學家進一步對預設模式網路活動進行分析，發現大腦內在的自發性活動的整體活躍度以及所耗用的能量，遠遠超過了大腦應對外界需求做工時所耗用能量的總和。由於生物體會避免非必要地耗用能量，因此可以合理推測大腦在看似沒有工作時的那些活動，其重要性絕不亞於它的「正式工作」。

大腦放空漫遊時，「預設模式網路」會活躍起來。

相對於做白日夢時活躍的預設模式網路，大腦因應外界的需求而執行某種工作時（例如在腦子裡進行數學心算、構思大樓的設計或是準備畫一幅素描），會有另外一些腦區域活躍起來，合稱為「執行控制網路」（executive control network）。該網路的構成主要包括背外側前額葉以及前下方頂葉區。

執行控制網路與預設模式網路兩者之間，通常處在「陰陽互制」的關係，一個活躍起來，另一個就安靜下去。比如上面提到過的，大腦在放空沒有做什麼特定工作時，預設模式網路是活躍的，執行控制網路是安靜的；而一旦大腦要應付外界挑戰而做出應對時，執行控制網路就會活躍起來，預設模式網路

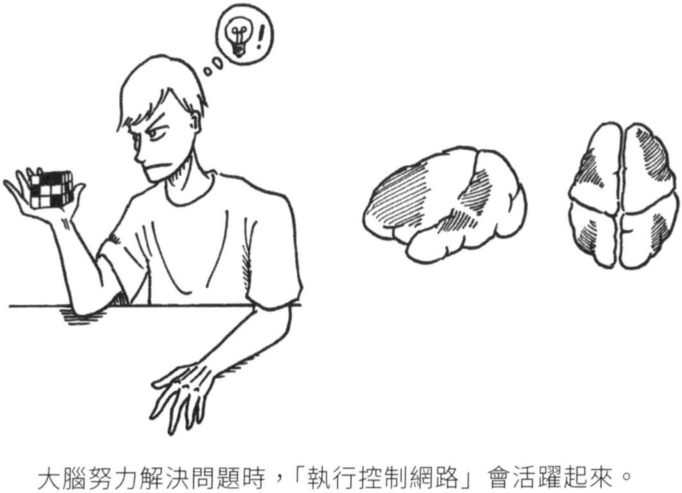

大腦努力解決問題時，「執行控制網路」會活躍起來。

※羅傑・比提（Roger Beaty），美國心理學家。

同時就安靜下去——暗示大腦要專心解決特定任務時，必須同時把無關的雜念跟白日夢壓制下去才行。

創意可以訓練增進

近年來許多科學家，比如美國的心理學家羅傑・比提等等，做了許多功能性磁振造影的實驗，探討預設模式網路和執行控制網路這兩個大腦網路在創意上的角色。這些科學家讓受試者做種種需要創意的工作，包括擴散性思考、即興音樂創作、圖畫創作以及詩歌寫作等，同時監測他們的腦部活動，觀察大腦在發揮創意時，預設模式網路與執行控制網路兩者誰比較活躍、誰比較安靜。結果發現，發揮創意時的大腦活動，跟放空或執行一般工作時的大腦活動都不相同，呈現出獨特的活動模式：大腦在發揮創意時，沒有平時兩個網路「陰陽互制」的現象，而是兩者同時活躍起來。更特別的是，這兩種網路之間的功能性連結會大大提升，好似它們暫時拋棄了平時那種競爭的關係，轉而進入另一種密切合作的模式。

這種新穎的合作模式，讓人重新思考創意的本質。如前所述，創意必須同時符合「新奇」與「有用」這兩個特性，所以它的執行方式很可能就跟應付一般單純的工作不同，會具有兩個以上的步驟：首先大腦要「發想」，它搜索記憶的各個

※梅麗莎・艾拉米爾（Melissa Ellamil），加拿大心理學家。
※尼可拉・皮薩皮亞（Nicola De Pisapia），義大利心理學家暨認知科學家。

角落，尋找可能適用的資訊與想法，這部分屬於天南地北的白日夢範疇，所以是由預設模式網路來負責；但是這些隨意挖掘出來的東西並沒有選擇性，大部分可能並不新穎甚至不正確，所以就需要下一個步驟「評值」，給每一個主意打分數，看看哪些新奇、哪些有用，才選出它們來用，這部分就要動用到執行控制網路了。

科學家也做了其他實驗來驗證這個想法，例如加拿大的心理學家梅麗莎・艾拉米爾等人，就設計了下面這個實驗：他們找來一些藝術學院的學生，請他們根據幾本書的內容設計封面。實驗就分為「發想」與「評值」兩步——第一步「發想」，受試者隨意畫出他們想得出來的可用設計簡圖；第二步「評值」，則是他們針對自己剛剛畫出的草圖品評優劣，做出選擇。結果一如預期，在發想時，大腦的預設模式網路會廣泛活躍起來；而在評值時，執行控制網路就會加入活動陣容，並且與預設模式網路產生密切的連結互動。

還有一個重要的課題，就是這種大腦網路間的「創意連結」，是因人而異無法改變呢？還是可以經由練習與訓練來改進呢？義大利的心理學家暨認知科學家尼可拉・皮薩皮亞等人，就做了下述實驗：他們邀請了一些專業畫家，以及沒有受過繪畫訓練的一般人，分別讓他們以「風景」為題，在腦海中構思一幅畫，接著實際把它畫出來，並用功能性磁振造影來監測創意構思過程中的腦部活動。在兩組人發揮創意的過程中，都觀測到大腦網路間的密切連結，可是在專業畫家這一組，這種連結的強度明顯要比沒有受過繪畫訓練的一般人來得強。這就證明了創意的能力（包括其相關的腦活動）可以透過練習與訓練來改進，正好呼應了早年奧斯本等人所鼓吹的創意訓練以及腦力激盪的觀念。

創意是人類大腦中的珍寶，不論是在科學、文學、藝術、音樂等各個面向，都需要有非凡的創意，才會導致飛躍的進步與突破。人類歷史的進程，充滿了創意的痕跡，它在古代被當成上天的恩賜，僅僅嘉惠少數的天才；上個世紀開始，透過心理學家以及社會人士的反思與鼓吹，創意成為人人可以訓練增進，用以改善各種專業表現的技能；而在近幾十年有了腦科學介入之後，對創意的本質、它的大腦運作方式，以及對它的可能激發方法，有了更清晰的認識。當然，大腦充滿奧祕，像創意這樣相對複雜的心智表現，需要更進一步解答的謎題特別多。對於腦中這些美麗的繆思女神，今日的腦科學只能說初識其面而已，科學發展一日千里，以後必然還會出現比今天更好的研究工具，讓我們有機會一親芳澤。

看不見的肢體

人腦的細胞雖然不能復活增生，
但卻有著靈活的「重組」與「地圖重繪」功能。

在現代，外科醫生是相當受到尊崇的專業，像超級英雄一樣，有能力拯救別人的生命，改變別人的命運。但現代人可能很難想像，一直到三、四百年前，外科醫生都還沒有太被別人當成一回事。在歐洲的中世紀至文藝復興時期，科學觀念剛剛啟蒙，醫學還不發達，動嘴的內科醫師比較受到尊崇，而動手的外科醫師則相對不被看重。這也是可想而知吧，那時既沒有無菌觀念，又沒有抗生素，止血技術差，就連解剖學也尚未普遍，醫生在傷病患者的身上切切割割，人能不能活，大部分要靠運氣。當時被外科醫生動過刀的病患，死亡率相當高，外科醫生這個職業，當然就不會被當成什麼了不起的專業了。

在這樣的時代背景下，有一種職業應運而生，就是「理髮師外科醫生」。意即是說，這些人的正業是理髮師，沒有受過正規的醫學教育（當然，那時所謂的正規醫學教育也錯誤百出就是了），只接受過一些粗淺訓練，就拿著刀具四處替病人動手術了。尤其在有戰爭發生的時候，由於軍中很少會有正規外科醫生的編制，大多就是徵召這些理髮師外科醫生隨軍，軍人所受到的各種戰傷，就是由他們來處理。

病死的比戰死的多

戰爭是人類一直未能免除的痛，大大小小的戰爭，造成史上不計其數的平民與軍人的傷亡。當然，直接參與戰爭行動的軍人生命遭受威脅的機會要比平民大得多。人們常常歌頌那些在戰爭中犧牲性命的軍人，說他們戰死沙場、馬革裹屍，然而我們若是仔細回顧古今戰史上那些死於戰事的軍人，研究他們的直接死因，就會發現真正死在戰場之上、拚搏之中、炮火刀劍之下的軍人，僅占絕對少數。大多在戰爭裡死亡的軍人，其實是死於疾病，以及外傷之後的併發症。

究其原因，是因為在戰場之上普遍不可能有理想的衛生條件、優良的醫護人員，或是充足的醫療設備與藥品。尤其是打仗必然會造成許多軍人的外傷，然而對治療外傷特別重要的外科醫師與手術器械，在戰場上卻註定是缺乏的。軍人本來只受到一點不該致命的外傷，卻很容易因為得不到妥善的治療照顧，終致失血過多或細菌感染而死亡。這個殘酷事實，在越早期的歷史上越是屢見不鮮。

可想而知，在這樣的戰場環境以及軍醫系統之下，傷員的生命沒有太大的保障，只能自求多福。在中世紀的戰場上，一位步兵的小腿被敵人的刀砍傷，割斷了膕動脈，開始飆血。如果沒有很快止血，他就會因為這個小傷流血到休克

※安布魯瓦茲・帕雷（Ambroise Paré），1510–1590，被認為是現代外科與病理學之父。

而死。假如他運氣好，很快有軍醫幫他止了血，沒有死於當場，但因為傷口很骯髒，接下來幾天這個傷就會出現細菌感染。當時沒有抗生素，感染蔓延開來成為敗血症，他還是會死。若是他身強體壯加上命大，感染沒有要了他的命，也會由於小腿組織已發黑壞死，軍醫沒有更好的辦法，只能幫他「截肢」。但最後因為截肢所造成的失血以及術後感染，也都可能再要了他那條好不容易撿回來的小命。

儘管如此，行行出狀元，就算是理髮師外科醫生這樣不起眼的職業，也出現過一些非常傑出的人才，法國的安布魯瓦茲・帕雷無疑就是其中翹楚。帕雷頭腦靈活，不囿於當時的傳統外科觀念，並且技術精湛。他作為軍醫，隨軍參加大小戰爭多年，憑經驗發明了更好的止血方法以及許多有用的外科器械。被他開過刀的戰士們，死亡率遠遠低於其他外科醫生經手的傷患。後來他因為聲名遠播，成了亨利二世（Henri II）、法蘭索瓦二世（François II）等好幾位君主的御醫，並且還撰寫了關於槍傷、截肢、骨折、婦產科、外科學等醫學各方面的多種權威著作。

安布魯瓦茲・帕雷

帕雷觀察入微，他在戰陣之中，經常需要替傷害嚴重或是受到感染壞死的肢體做截肢手術，因

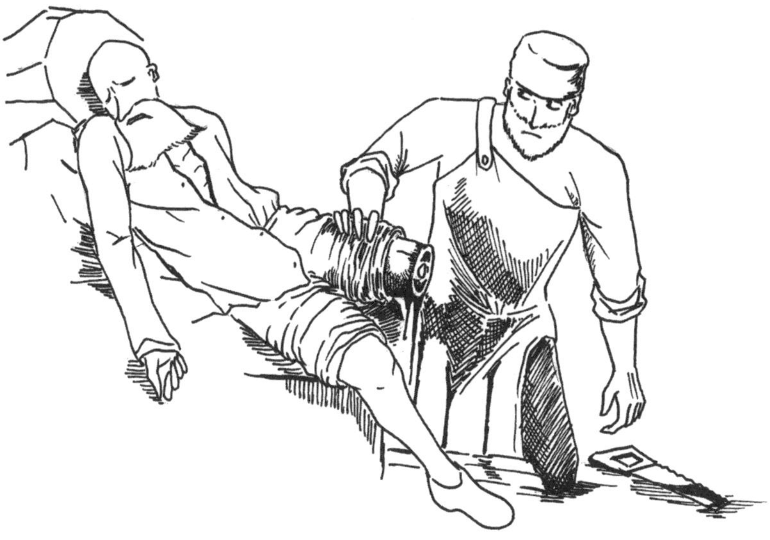

在古代戰場上，肢體受傷後被截肢是常態。

安布魯瓦茲·帕雷在戰場上幫傷患截肢。

而注意到一個非常奇特的現象，還把它記錄下來。他說：「我知道有些疼痛感是虛假的。說它們是假的，是因為病人說痛得很厲害的那個肢體，其實早就被切掉了，痛覺卻還持續存在。這個現象真的很奇怪，如果不是親眼看見這樣的病人，仔細聽他們說的話，一般人不太可能會相信有這種事。有些病人的肢體都已經切掉了好幾個月，他都還覺得那肢體痛得受不了。」

安布魯瓦茲·帕雷是歷史上第一位記載到「幻肢痛」（phantom pain）的醫師。

真正感覺疼痛之處

說過「我思故我在」的勒內·笛卡爾雖然不是醫師，卻可能是繼安布魯瓦茲·帕雷之後，歷史上第二位深入討論幻肢痛的學者。

笛卡爾曾寫道：「我認識一個女孩，她因為手的嚴重外傷加上壞死，不得不切除整條前臂。醫生把她的手術部位蓋得密不透風，沒讓她看見，結果手術已經過了好幾個禮拜，那女孩都還不知道她的手臂已經沒了，反而經常抱怨她的手指、

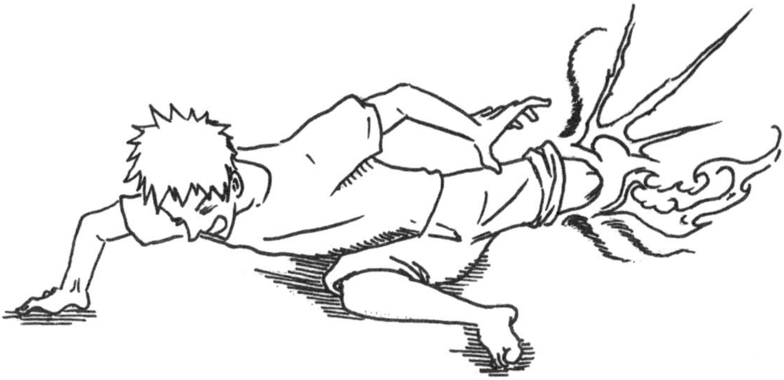

幻肢痛：肢體已經被截掉了，患者卻仍然持續感到它的存在以及疼痛。

※席拉斯・威爾・米契爾（Silas Weir Mitchell），1829–1914，美國醫師、科學家、小說家和詩人。

手腕和前臂等處有各種程度的疼痛。」

身為邏輯縝密、知識豐富的哲學家兼科學家，笛卡爾雖然沒有任何的醫學背景，卻對發生在這女孩身上的事做出了極精彩的推論：「這顯然是因為當初連接腦部與手部的神經，雖然被切斷之後到手肘部位就終止了，它卻還在對腦部發出原本手還在時的疼痛等訊息，讓腦子誤認為手還存在，手的感覺也還存在。這件事證明疼痛這種感覺，真正的發生位置應該在腦而不在手。」

繼帕雷與笛卡爾之後，陸陸續續也出現一些關於幻肢與幻肢痛的病例，第一位將之集大成並且賦予「幻肢」（phantom limb）這個名稱者，是美國的席拉斯・威爾・米契爾。米契爾出身醫生世家，順理成章習醫執業，卻在一八六一年碰上了美國內戰爆發，三十二歲的米契爾醫師就此成為北軍軍醫院的特約醫師。於是原本專精於神經學的米契爾，進一步成了神經槍傷以及外傷的專家。

席拉斯・威爾・米契爾

米契爾醫師在軍醫院診治過非常多截肢戰士傷患，這方面經驗十分豐富。妙的是，米契爾所發表的第一篇關於幻肢主題的文章，卻不是科學論文，甚至不是正式醫學報告，也沒有列出作者的真實姓名，而是匿名發表的第一人稱小說：《喬治·迪德羅的故事》（*The Case of George Dedlow*）。故事中的主人翁迪德羅因戰傷而截去雙腿，自己卻不知道。故事中有一段對白如下：

「幫我按摩一下左小腿好不？」我（迪德羅）說。

「小腿？」他（看護）說：「你沒有小腿哪，伙伴，切掉了。」

我說：「亂講！我自己清楚，我兩條腿都痛。」

「老天啊！」他說：「你一條腿都沒有。」

然後，那位看護先生將被單一把掀開，迪德羅一看又驚又恐，發現自己的兩腿從大腿以下都不見了。原來，米契爾除了是技術精良的成功醫師之外，私底下還是優秀的業餘作家。事實上，米契爾醫師後來更為積極投身寫作，還成為當時美國最成功的小說作家之一。由於《喬治·迪德羅的故事》寫得太過生動感人，賺人熱淚，結果讓很多人信以為真，甚至引起軍方到處調查這位勇敢的迪德羅戰士到底在哪兒，還有很多民眾發起了慈善活動為迪德羅募款。

身體藍圖：皮質小人

米契爾寫的雖是小說，卻收到意料之外的熱烈迴響，並且讓醫學界開始注意並正視幻肢的現象。幾年之後，米契爾醫師終於把他的許多病例經驗收集起來，寫成醫學著作，並正式為這個奇特現象定下了「幻肢」的名稱。他在研究中發現，幻肢現象一點都不罕見，甚至可以說非常普遍。在他的九十位截肢病人中，就有八十六位有或多或少的幻肢感，而且幻肢現象也不限於手腳肢體切除的病患，就連乳房切除或是陰莖切除，也都會導致類似的幻肢現象。

米契爾本人對幻肢現象的成因提出了幾種猜測。他發現患者對殘肢上神經被切斷處的觸碰非常敏感，甚至有很多病患因為太敏感而無法裝上義肢。因此他推論切斷處的神經因為產生某種異常增生的關係，不斷刺激大腦，讓大腦不知道那個肢體已經沒了。另外，人的大腦之中，可能有一張與生俱來的「身體藍圖」，它非常固執，就算現實中某肢體已經喪失了，卻依舊頑強堅信肢體還在那兒。

十六世紀的安布魯瓦茲．帕雷，十七世紀的勒內．笛卡爾，以及十九世紀的席拉斯．威爾．米契爾三人，在他們各自的時代皆是一時俊彥，對他們所觀察到的幻肢現象，分別提出了精確的描述，以及合情合理的假說。然而就科學的發展來說，任何前人的精彩假說，往往必須等待科學的技術再進步之後，經由後人的證明，才終能成為科學事實。

時間來到二十世紀，美裔加拿大籍神經外科醫師懷爾德・潘菲爾德，在手術中用微量電流刺激病人大腦皮質的不同區域，激發出病人不同身體部位的動作或感覺反應，因而證明大腦皮質的各個區域分別對應到身體的各個位置。綜合這些對應的身體位置，潘菲爾德畫出一張假想人體圖，重疊在它所對應的腦皮質上，就得到「皮質小人」。至此，米契爾醫師所猜測的那張「身體藍圖」已然成形。（參見〈大腦地圖〉一章）

大腦上的皮質小人有兩個，一個負責感覺，一個負責運動。每個人從出生開始就帶著它們，且所有人的皮質小人的位置、形狀都長得差不多。換句話說，每個人大腦皮質某個特定區域的細胞在活躍時，都會導致特定的某個動作或某種感覺。例如用電流刺激你右腦半球的運動小人的食指位置，你的左手食指就會抽動一下；而刺激你左腦半球的感覺小人的臉部位置，你的右臉就會產生麻、癢或痛之類的感覺。皮質小人上的每一個這種小區塊，就稱為它所掌管的身體部位的「皮質代表區域」。

這件事跟「幻肢現象」有什麼關係呢？

※邁克爾．梅爾澤尼奇（Michael Merzenich），1942–，美國神經科學家。

地圖重繪與大腦重組

自從有越來越多的醫師學者對幻肢現象產生興趣並加以研究之後，幻肢的原理日益明朗。有證據顯示，被切除的神經末端確實會出現一些不正常的訊號，產生異樣的感覺。這符合笛卡爾與米契爾的推論，可以解釋一部分的幻肢現象，但顯然並不完整，因為仍有一些先天肢體缺失的病患也會有幻肢的現象，而他們並沒有接受過手術，當然也就談不上任何神經的傷害。

針對幻肢現象的研究成果中，最有趣且最具啟發性的發現，是大腦的變化。一九八四年，美國神經科學家邁克爾．梅爾澤尼奇領導的研究團隊，做了非常創新的動物實驗。他們在猴子的腦皮質上安裝微電極監控，然後輪流刺激猴子的不同手指，觀察腦皮質上哪個地區的細胞活躍起來，這樣就可以精確標示出這隻猴子腦皮質上的感覺皮質小人（皮質小猴？）上每一根手指的位置。確定了位置之後，他們隨即就把這隻猴子的中指切斷。

照道理說，既然猴子沒了中指，腦皮質上面原先掌管中指的區域就應該不再有任何電氣活動才對，然而結果卻不是這樣。沒了中指以後，若是刺激猴子的食指或無名指（中指的鄰居），腦皮質上原先的中指區域仍會興奮起來。換句話說，皮質小人上的中指區域一旦缺少了正常的訊息輸入，隔壁的食指區或無名指區就會侵門踏戶，取代原先中指區的地位。這個劃時代的發現告訴我們，皮質小人雖是與生俱來，卻不是一成不變，動物在喪失了肢體之後，就連腦部皮質小人的地形地貌也都會跟著改變。梅爾澤尼奇的「皮質小猴」研究結果，後來在一些截肢病人的身上也得到驗證。

印度裔美國神經科學家維萊亞努爾．拉馬錢德蘭在一些有幻肢現象的截肢病人身上還發現一個奇特的現象。這些上肢截肢的病人，就跟一般的幻肢病人一樣，覺得自己的上肢還存在。他把這些病人的眼睛蒙起來，然後觸摸他們身體的不同部位，問他們感覺到被觸碰了什麼地方。奇妙的事發生了，當他去觸碰這些病人的臉時，病人竟然說同時感覺到臉部以及那隻已經不見的手都被觸碰了——在人類的皮質小人上面，臉區域跟手區域正是親密的鄰居。

拉馬錢德蘭的研究團隊在一九九八年進一步用腦磁技術證實，這些截肢的幻肢患者跟梅爾澤尼奇的截指猴子類似，他們腦皮質上的皮質小人也產生了「地圖重繪」的現象。這種幻肢病人的皮質地圖重繪現象，後來也被其他科學家用功能性磁振造影技術加以證明。也就是說，大腦皮質的神經細胞具有「重組」功能，而幻肢現象極可能就是因為大腦皮質為了因應肢體截除的變化，被迫重組所造成

※維萊亞努爾．拉馬錢德蘭（Vilayanur Ramachandran），1951–，印度裔美國神經科學家。

幻肢病人的臉部被觸碰時，會感覺到臉部
以及那隻已經不見了的手同時被觸碰。

的感覺紊亂。

我們來假想三家相鄰的外送餐飲店面好了。左邊那家賣披薩，右邊那家賣珍珠奶茶，中間那家賣牛肉麵，平時井水不犯河水，誰接到電話叫外送，就做好餐點派人送去。有一天，中間那家牛肉麵店的老闆因為躲債，連夜跑路，把店裡東西也搬了個空。早上開店後，左右兩家發現中間那家成了空店面，他們覺得空著可惜，就各派一些人帶著「家私」進駐，也煮起牛肉麵，電話一來生意照做。結果，那天叫了牛肉麵的客人，渾然不知原先的牛肉麵店已然不在，因為他確實拿到了牛肉麵沒錯；但這麵吃到口裡總覺得有點怪，因為湯裡面放了臘腸跟乳酪，還漂著幾顆珍珠——這就是「重組之後造成的紊亂」。

近年來，對幻肢與幻肢痛這有趣現象的腦科學研究，雖然還沒有讓幻肢之謎百分之百解密，卻已經有了極大的進展。更重要的是，它還產生了極具價值的附帶產物，就是對腦的「可塑性」有了進一步了解與證實。

人類的腦細胞本體只有很少的增生或再生的能力，照道理說，從出生開始，腦細胞的數目應該日益減少才對，尤其因為病變或是傷害而造成的腦細胞死亡，更是回天乏術。可是，在許多腦的疾病（例如腦中風）造成大量腦細胞死亡之後，病人的腦神經功能卻還有機會隨著時間慢慢進步，甚至復原，這又是怎麼一回事？

幻肢現象的腦科學研究，讓我們更了解人腦的細胞雖然不能復活增生，但卻有著靈活的「重組」與「地圖重繪」的特異功能，而一部分的腦細胞死亡之後，鄰居會來擔起它們原先的任務，這就是腦的「可塑性」。進一步掌握腦的可塑性的祕密，甚至用人為的方法來影響這種可塑性，很可能就是未來腦醫學發展出新的腦功能恢復療法的重要關鍵。

重塑大腦

大腦的可塑性並不只發生在幼年的發育期，
而是明顯持續到成年以後。

我們的大腦，跟身體其他器官有本質上的不同：其他器官可以視作「用具」，大腦卻是「本體」。這是因為「自我」這個概念來自於大腦，人類是以大腦中擁有的記憶、感情以及智能等等來定義自己。比方說，如果因病而移植了別人的腎臟或是心臟，這個人還是他自己，並沒有變成另外一個人。但若是將來有一天人腦可以移植，移植了別人大腦的這個人體，應該就變成了別人。切身一點來說，「今日之我，已非昨日之我」，現在這個我的性格、智慧、情感與技能等等，跟二十年前的我已經完全不同，好似兩個截然不同的人，試問今天的我與二十年前的我，哪一個才是真正的我呢？在這二十年當中是什麼讓「我」脫胎換骨了呢？

十九世紀早期的科學家普遍認為大腦的神經細胞在出生之後就不怎麼會再增加，彼此間的連結也已經定型。換句話說，我們就像帶著一部裝配好的新電腦來到世上，這部電腦的硬體已然固定，以後它能發揮多少功能，一來看這部電腦本身的等級，二來看我們給它裝了什麼軟體而定。若是在使用過程當中，這部電腦的硬碟或記憶體等元件受到了損傷，它的表現就會變差。就算沒有任何損傷，隨著時間過去，電腦中的零件還是會日益老化鏽蝕，功能就隨之逐漸下降，直到最終報廢為止，無可避免。

大腦壞了就好不了嗎？

上述看法好似言之成理，也符合一般人對生老病死、自然衰退的觀察體認。但到十九世紀末時，已經有科學家開始懷疑事情也許不全然如此。前文已介紹過的「美國心理學之父」威廉·詹姆斯，就從心理學的角度出發，針對「習慣」這個現象提出他的看法。他認為習慣的養成會改變人的行為，因此在習慣養成的過程當中，大腦必定產生了某種質變，而這種質變應該就是經由人的種種感官傳入大腦的神經電流刺激所致。

詹姆斯說，既然大腦的運作不外是透過一些神經路徑，那麼這些電流傳入大腦之後，必然改變了原有的路徑，或者製造了新的路徑，才會創造出腦的質變。他把這種假定的「外來刺激造成大腦結構變化」的現象，稱為大腦的「可塑性」。詹姆斯在還沒有任何科學儀器可以進一步證實的一百多年前，就提出了如此新穎超前的理論，可謂是真知灼見。只不過有點可惜，這個真知灼見在此後的許多年間，並沒有受到該有的重視。

十九世紀末到二十世紀初，是神經科學發展成果異常豐碩的年代，那段時間發生了幾件大事：例如前文提過的西班牙解剖學家——「現代神經科學之父」聖地

※查爾斯・斯科特・謝靈頓爵士（Sir Charles Scott Sherrington），1857–1952，英國神經生理學家、組織學家兼病理學家，1932年獲諾貝爾獎。

亞哥・拉蒙－卡哈爾確立了神經元學派，證實了每個神經細胞都是獨立個體，藉著許多觸手（軸突與樹突）互相接近，隔著小小的間隙而並未融合。英國神經生理學家、組織學家兼病理學家查爾斯・斯科特・謝靈頓爵士，研究闡明了神經細胞之間間隙的構造，將它稱為「突觸」。而德國－奧地利籍藥理學家奧托・勒維與英國神經科學家亨利・哈利特・戴爾爵士，則證明了神經細胞之間訊息的傳遞，是透過分泌神經傳導物質，跨過突觸間隙而達成……。這些劃時代的科學發現，讓之後的科學家在思索大腦的可塑性時有了更堅實的依據。

熟知神經元結構的卡哈爾本人，對心智構成也有著很大的興趣。他認為人的智能、專業技術、藝術才能以及教育的成果，都取決於大腦皮質神經元的組織方式以及其變化。很特別的是，卡哈爾在當時就提出，「大腦體操」會促進腦皮質的神經元軸突與樹突分支的發育，並修改它們之間的連結方式。他也不只一次用「可塑性」這個詞彙來稱呼這個現象。他認為這種神經元連結的可塑性在人的小時候很旺盛，成年之後開始減退，老年以後則幾乎完全消失。當時許多心理學家與神經學家也提出，除了卡哈爾所說的神經元本身可塑性之外，

查爾斯・斯科特・謝靈頓

突觸的傳導可能同樣具有某種程度的可塑性，而來自於學習的反覆刺激，應該會改變特定突觸的傳導效率。

在大腦的可塑性這件事上面，「神經心理學之父」唐納德．赫布做過一件妙事：他把一批實驗室的小老鼠帶回家，當成寵物來養，過了一段時間之後，將這批寵物老鼠與養在實驗室單調環境中的老鼠一起進行迷宮訓練，看誰的成績比較好。結果證明了老鼠幼年時期的經歷（牠是暴露在豐富還是貧乏的心智刺激之下），對其成年後解決問題的能力有著持久性的影響。赫布認為所謂的「心理現象」，所謂的「行為特質」，所謂的「心智功能」，皆仰賴其神經細胞為基礎，與神經元之間的連結和互動方式息息相關，特別是「學習」這件事。那麼，我們大腦的神經元又是透過什麼變化，達到學習的功效呢？

腦中風可能復原嗎？

赫布理論的精華見諸其代表著作《行為的構成》（*The Organization of Behavior*）一書，對於學習的原理，他說：「當神經元A足夠接近神經元B，因而能刺激到B，並且反覆而連續地刺激B時，某種生長過程或代謝改變就會發生在這兩個神經元之一或之二的身上，讓A對B的刺激變得更有效率。」翻譯成白話，就是兩個神經元的

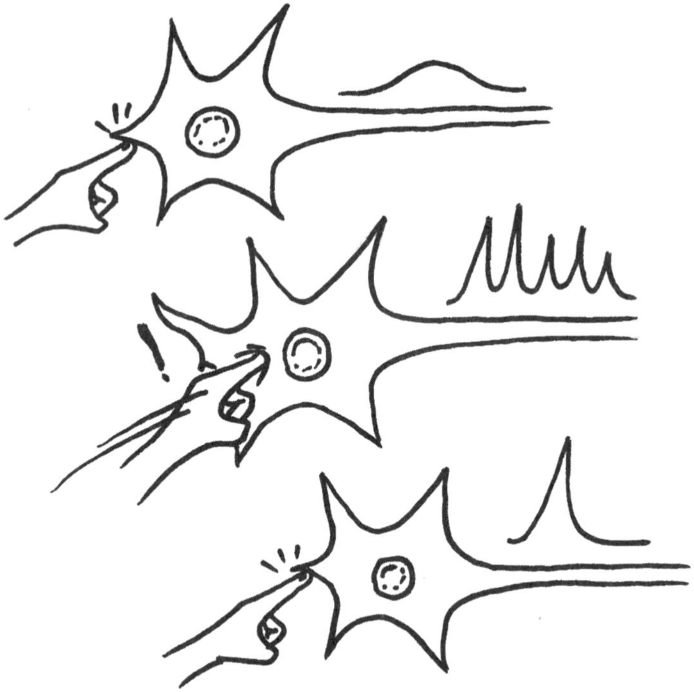

唐納德·赫布提出，反覆而連續刺激神經元
會讓受刺激的通路更加順暢。

※保羅·巴赫里塔（Paul Bach-y-Rita），1934–2006，美國神經科學家。

互動越是密切，以後的互動就會變得更順暢，形成連結，一條路越走就越通。這種「頻繁的刺激可以改變腦的結構，讓它變得更好用」的理論，可以解釋生物體「學習」的神經網路基本原理，所以被之後的心理學家、行為科學家以及神經科學家尊稱為「赫布定律」（Hebb's Law）。我們要知道，在當時並沒有足夠先進的儀器或研究方法，可以直接證實赫布的理論是對還是錯。

人類的大腦具有可塑性這個概念的證據，在赫布定律問世十多年後，以出人意料的方式呈現在世人面前。它最初的根源，來自於美國神經科學家保羅·巴赫里塔的家庭事件。保羅·巴赫里塔的父親派卓（Pedro）本是大學教授，卻在一九五八年六十五歲那一年腦中風，造成嚴重的肢體癱瘓，只能倚賴輪椅，並且也講不出話來。當時神經學界的主流認知是，大腦的一部分壞了就是壞了，像這種嚴重的腦中風，日後不可能有多大的進步。那時候也沒有如今的復健觀念與技術，因此像派卓那樣的病況，就算僥倖不死，此後也只能完全靠別人照顧，在安養機構度過餘生。

保羅與他正在讀醫學院的弟弟喬治（George）不願意接受這樣的結果，兄弟兩人就把爸爸帶回家，開始給他「斯巴達式」的訓練，訓練的方式連鄰居都覺得太殘酷，看不過去。基本上，他們盡量不幫爸爸，而是逼迫他自己去做所有的事。像是爸爸需要某東西的時候，他們就會把它丟在地板上，說：「爸爸，去撿！」但就是這樣，兩個「不孝子」卻創造了奇蹟，三年後派卓不但恢復了自我照顧的所有日常功能、說話的能力，還回到大學去教書，直到七十三歲攀登高山時心臟病發死亡。

負責解剖派卓的病理醫師發現，派卓腦部的中風損傷程度非常嚴重，偏偏老先生死前整個日常表現都跟正常人一樣，因此病理醫師在驚奇之餘，還把這個案例寫成論文發表。這件事讓保羅開始思索大腦非凡的補償功能，他想，父親的大腦被中風毀損的區域都是壞的，但一切大腦功能卻都完全正常，那就表示大腦的其他區域一定發生了某種變化，取代了原先被毀壞區域的功能。所以，身為神經科學家的保羅．巴赫里塔從此終其一生，都致力於研究大腦功能的可塑性。

用大腦看，而不是用眼睛？

保羅．巴赫里塔顯然是很有創意的科學家，並且在構思研究時都能考量到臨床實際運用的可能。為了證明大腦的可塑性，他發明了前所未見的研究方法，叫作「感覺替換」（sensory substitution）。保羅設計了一套裝置，包括一臺小型的攝影機，攝影機所拍到任何靜態或動態影像，會經過電腦轉化成電流脈衝或震動，傳到數百個排成方陣的刺激頭上，這個刺激方陣就會根據攝影機所捕捉到的影像像素以及動態，將它們「翻譯」成不同的刺激形態。保羅把這個裝置貼在先天眼盲的病人腹部、背部或大腿的皮膚上，讓他們學習分辨皮膚所感受到的各種不同的刺激形態，分別代表什麼視覺影像。

結果，非常奇妙的事情發生了。在充分的訓練之後，這些從來沒有看見過東西的先天眼盲者，開始「看見」了。他們感受到空間裡的影像，而不只是皮膚上的刺激，他們可以分辨物體的位置、遠近、深淺，也能辨識臉孔、判斷物體的移動速度與方向，甚至用手打到在桌上滾動的球，並且完成一些裝配的工作。

保羅．巴赫里塔在一九六九年首度發表了他第一次的實驗成果，文章發表在《自然》（*Nature*）期刊上，可以說震動了科學界。這個發現的突破性在哪裡呢？人類史上曾經有過許多傳說，說人的某種感官有了缺損，其他感官就會變得更靈敏來加以補償，例如盲人的聽覺與觸覺就會變得特別靈光之類。但這卻是第一次有人能用科學證明感官功能真的可以「互換」。盲人經過訓練，可以把觸覺轉化為視覺，這顯然表示大腦的硬體連結不是一成不變的，它不完全受到既定的感官形態所局限，而保留了相當大的可塑性。就像保羅．巴赫里塔本人對此所下的註腳：「我們是用大腦來看，而不是用眼睛。」（We see with our brains, not with our eyes.）其後，他另外還發展出觸覺與平衡感的互換，以及用觸覺更靈敏的舌頭來取代身體皮膚等等

保羅．巴赫里塔所設計的「感覺替換」裝置。

※愛德華・陶布（Edward Taub），1931–，美國行為神經科學家。

新技術，把感覺替換的方法進一步推展到臨床的應用。回顧這些醫學的突破，在很大的程度上應該要歸功於那位腦中風的父親。

唐納德・赫布的理論，以及保羅・巴赫里塔的經驗和研究成果，都指向一件事，就是——人的大腦是可修可塑的，而想要成功修塑某個特定部位，關鍵很可能就在於要盡量加強它的使用。

強迫大腦做事

一九八〇年代中，美國行為神經科學家愛德華・陶布在猴子身上做了一連串重要的實驗。他先是破壞猴子一隻手臂的感覺神經節，讓這隻手臂的感覺喪失，正常情況下，若是置之不理，這隻猴子將從此不再使用這隻「壞手」，只用另外那隻「好手」來做所有的事。但接下來，陶布用束帶把這些猴子的好手束縛起來，讓牠們完全沒辦法使用好手，結果幾天之後，奇事發生，這些猴子開始使用牠們的壞手，而且此後終其一生都會繼續使用那隻壞手。這個發現給人很大的啟發，原來強迫使用壞手，就能讓壞手的功能進步。

陶布接下來跟醫院合作，把猴子實驗的發現「移植」到腦中風的病人身上。這些病人的半邊肢體癱瘓已久，癱瘓側的那隻壞手早就沒有功用，生活上都只能用好手來做所有的事情。陶布等人設計了一種吊帶，把病人的好手固定住，不讓他們用，然後強加訓練他們的壞手，結果就跟猴子的情況一樣，這些病人壞手的功能發生明顯的進步。這個令人欣喜的成果，讓這奇妙的新療法慢慢發展成為重要的復健技巧之一，稱作「束縛誘發動作治療」（Constraint-Induced Movement Therapy, CIMT）。此後多年有一連串的研究發表，再三證明這種療法的成效。

束縛誘發動作治療感覺有點像保羅．巴赫里塔兄弟對爸爸派卓的斯巴達式訓練，出於「越用才越好用」的觀念，效果卓著。這類的「強制使用」所造成的功能進步，是打哪兒來的呢？它讓病人的大腦發生了什麼變化呢？

近年來有不少腦科學家運用穿顱磁刺激或是功能性磁振造影這些先進的工具，研究束縛誘發動作治療造成的進步。他們發現，隨著病人那隻壞手功能的進步，對側大腦皮質上掌管那隻手的「皮質代表區域」變大了。

前文〈大腦地圖〉與〈看不見的肢體〉二文曾提過，在大腦皮質的運動區上，身體的某個部位會由某個區域來掌管，這是固定的，所有的區域合在一起就構成一個「皮質小人」。正常人一隻手的運動功能，是由對側大腦皮質固定位置與大小的區域來掌管，這區域就稱為皮質代表區域。

腦中風一旦損傷到一邊大腦中手的運動區，就會造成對側的手癱瘓，而這個

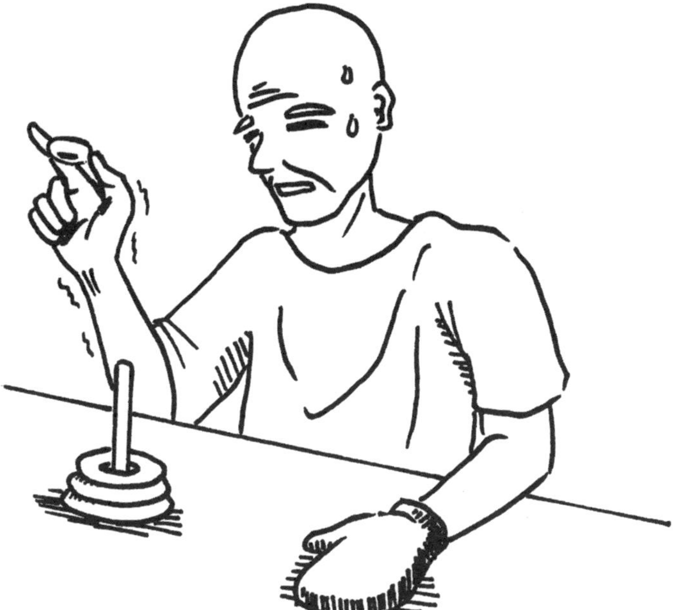

束縛誘發動作治療可以達到有效的復健效果。

運動區因為有了損傷，神經細胞變少，活性下降，這一塊控制手的皮質代表區域自然就會縮小。但在束縛誘發動作治療之後，手的功能會進步，這塊皮質代表區域也會隨之變大，甚至變得比正常還要更大，超出了原先這隻手的皮質代表區域的範圍，「蔓延」到本來沒在管手的近旁其他區域。這顯然很奇怪，因為科學家普遍的認知是腦細胞死了不能復生，為什麼強迫訓練之後，壞手腦皮質的活性卻能增高，甚至擴大到比正常範圍還要大？唯一合理的解釋是，這個訓練的過程「動員」了掌管手的倖存腦細胞，以及原先沒有在管手的其他腦細胞，「代工」原先死掉的那些腦細胞該做的事。換句話說，強迫大腦做它原本做不到的事，它就會改變自己，想盡辦法來做到這件事。

高頻刺激的持久增強作用

以上這些例證告訴我們，大腦是可以塑造的，並且是因應我們的需求而塑造。更重要的是，它的可塑性並不像早期科學家所認為的那樣，只發生在幼年的發育期，而是明顯持續到成年以後。由於不斷出現的科學證據，大腦的神經可塑性漸漸成為神經科學當中的顯學，引發了更多科學家的研究興趣。若要追問大腦的可塑性是打哪兒來的呢？腦細胞做了什麼事來改變自己呢？這個奧祕直到今天也不是完全清楚，但近年來大量針對動物以及人腦細胞的電學、生化以及分子研究，已經提供了我們一些概念：

還記得赫布定律嗎？在赫布提出他的想法時，世界上還缺乏可以證明他想法的科學技術，直到後來發明了可以測量神經細胞內電位的微電極，科學家才有機會看到神經細胞被刺激時的電位變化。一九六〇年代腦科學家在實驗時意外觀察到，對突觸前神經纖維施加高頻刺激時，突觸後神經細胞對這些刺激的反應會增強很長一段時間。也就是說，高頻刺激可引發突觸後細胞的持久增強反應，這種現象被稱為「持久增強作用」（Long-term potentiation, LTP）。這完全呼應了赫布的理論：頻繁地刺激一條神經通路，就會強化這條神經通路。此外，許多腦科學家還發現，經驗與學習的刺激，不僅僅會強化個別突觸的傳導效率，還可以改變相關神經通路整體的突觸數目、形狀以及強度，也就是大範圍改變神經細胞間互相連結與溝通的方式。更新的科學證據還顯示，在適當的刺激之下，就連新的神經細胞也能在成年人的腦中再度產生出來。

利用大腦的可塑性，生病受到損傷的大腦經過適當的刺激與訓練學習後，可以改頭換面，恢復部分的功能。這對於腦中風或罹患其他腦疾病的病人來說，顯然是很大的福音。那麼正常人呢？對原本就擁有健康大腦（或者說沒有明顯疾病

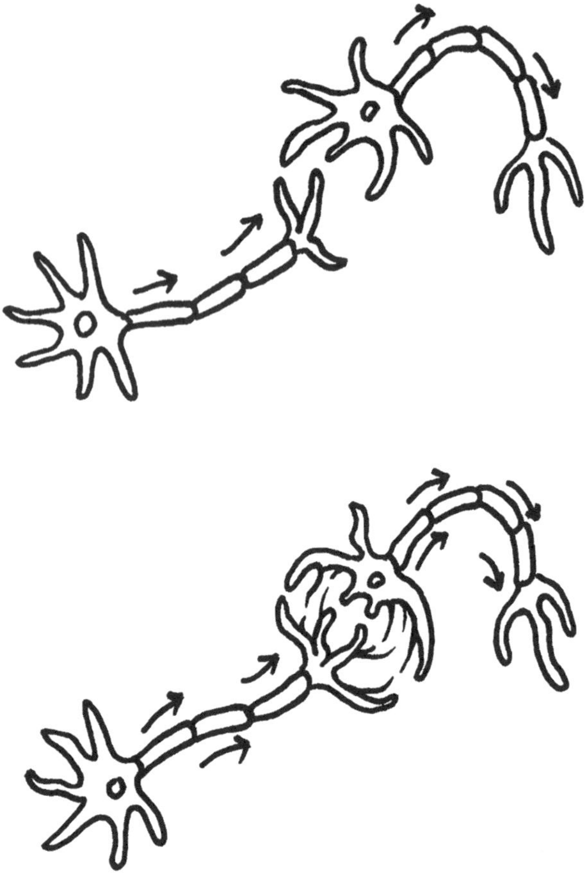

頻繁刺激神經通路（經驗與學習的刺激），
可以改變突觸的數目、形狀以及強度。

的大腦）的一般人來說，大腦的可塑性有沒有意義呢？

罹患失智症未必表現出失智症

研究神經可塑性的另一位大師，美國神經科學家邁克爾·梅爾澤尼奇發表過上百篇關於大腦可塑性的研究成果，對此有獨特的看法。他綜合了自己以及眾多腦科學家的研究發現，把大腦的發展遲緩、部分精神疾病，以及腦功能的退化都看作是大腦塑造失敗或錯誤的結果，而這種失敗或錯誤，應該可以用正確的重塑來改善。比方說，某些孩童語言發展遲緩，導致他們一輩子智能低下，表現落後，究其根本原因，是在童年那一段大腦塑造語言的「黃金期」中，因為聽覺問題或是環境因素，沒有得到夠好的語言刺激，導致語言功能被「做壞了」。既然我們已經確知大腦的可塑性是持續一生的，是不是就有可能經由適當的訓練，「重塑」這個小時候被做壞了的產品呢？

梅爾澤尼奇與其他科學家合作，創造了一套重塑語言功能的電腦訓練程式，用在語言發展遲緩的學童身上。研究結果發現效果奇佳，使用了這些訓練之後，學童的語言功能以及相關的智能表現都有明顯進步。這證明了腦功能的發育即使錯過了關鍵期而有所缺損，事後還是可以用適當的訓練方法「駭」入大腦，利用它的可塑性來加以修補。由於這套訓練方法的效果不錯，鼓舞人心，梅爾澤尼奇乾脆就開起了公司，將這產品推上市場，造福了數以萬計語言發展遲緩的年輕人。除了語言之外，他也針對其他腦功能發展遲緩、某些精神疾患，以及老年腦功能退化研發出套裝產品，分別獲得不同程度的成效。

相對於童年的腦功能發展遲緩，大腦所受到的更大挑戰，是隨著年齡老化出現的功能退化。由於種種已知或未知的原因（例如基因的影響、傷害的累積、血管的老化、病變的侵襲等等），我們的大腦功能會隨著時光的逝去而日益衰退，年齡越大得到阿茲海默症之類失智症的可能性也越高。對老人來說，腦力退化造成的衝擊是雙重的：一是，本來擁有的智力與技能變少了，速度變慢了，錯誤變多了，處理事情變困難了。二來，我們也不要忘記世界並非靜止的，所有的資訊、技術、生活技巧等都不斷在改變，需要經常學習與適應，而老人對新事物的學習與適應能力卻一直減退。年輕時習以為常，能夠應付裕如的每一件事，都越來越成為挑戰，最後連自身的日常生活都變得難以自理，需要別人的幫助。過去絕大多數科學家都認為這種衰退不可避免，只能任其自然，但是在腦的可塑現象越來越明確之後，腦科學家逐漸覺得事情可能並不是非這樣不可。

衡量老人腦部退化的程度，以及是否罹患失智症、失智症情況有多嚴重，其

「黃金標準」照理說應該是根據死後腦部的病理檢查，看這個腦的萎縮程度、血管堵塞程度，以及阿茲海默症之類疾病病理變化的嚴重程度才是。可是早從一九八〇年代開始，就不斷有神經病理學家發現，人的大腦病變程度，與他生前的智能表現並不成正比。有一些老人死後解剖發現大腦已經呈現嚴重的阿茲海默症等退化現象，然而他們在去世之前，卻怎麼看都是心智功能完全正常的老人，沒有一點不對勁。這種「病變程度與心智功能脫鉤」的現象並不罕見，但卻刺激腦科學家思考，人的心智應該擁有相當的「儲備」與「代償」能力，而這兩種能力都與大腦的可塑性息息相關。

成為自己大腦的雕塑家

所謂的儲備，是指我們的大腦在退化或是被疾病侵襲以前，先存下了多少智能備用。就是趁年輕時存夠了錢，退休失去收入後還能把存款提出來用的概念。多年來，科學家試圖分辨出在同樣老化的人群當中，哪些人比較容易失智，哪些人比較不容易失智，結果有大量研究顯示：高教育程度、高事業成就的人，比起低教育程度、低事業成就的人來說，年老後更不容易失智，就算同樣罹患了失智症，前者的惡化速度也比後者要慢。

換句話說，長期處於高標準、高要求之下使用過的大腦，較能免於日後的腦退化。雖然科學家目前還不是完全確定這個現象的原因，但從大腦可塑性的角度來看，它完全說得通：長期因應高標準、高要求而使用的大腦，其中的軸突、樹突、突觸的數目，突觸的傳遞效率，以及神經網路的連接密度，一定會比僅符合低標準、低要求使用的大腦要來得發達，因此在同樣受到退化與疾病的侵襲時，前者剩下的「戰備存量」當然會多得多。

所謂的代償，則是指我們的大腦在已經被退化及疾病侵襲之後，剩下的可用神經細胞努力適應，並且彌補已經發生的心智缺失而延緩退化速度的能力。這是在銀行存款已經被不斷削減的情況下，還能另闢蹊徑，擠出錢來用的概念。前面提過的邁克爾·梅爾澤尼奇等人，近年來發展出許多針對腦退化病患的大腦訓練方法，用來改善他們的記憶力、反應速度等等多種面向，或多或少都有了成效。當然，直到目前為止，腦科學家對於用什麼訓練方式能最有效激發大腦的代償能力還沒有共識，但是適當的大腦訓練能夠延緩甚至反轉心智的退化，已經沒有什麼疑問。

從大腦可塑性的角度來看，科學研究已經證實大腦的可塑性可以一直持續到老年，對已經開始退化大腦的刻意訓練，可以有效刺激它那些尚存活著的神經元，增加軸突、樹突以及突觸的數目，提升突觸的傳遞效率，並且優化神經網路的連結密度。

從這個「儲備」與「代償」的大腦可塑性觀點出發，我們就不難理解，早從一九八〇年代開始到現在，每當腦科學家想要找出影響腦退化速度的因素有哪些時，都會發現「生活形態」是決定性的重點。具體而言，有三個方向的生活形態選擇，會影響我們心智的退化程度，分別是：身體的活動、智能的挑戰與社交的活躍。

運動對人的身體健康有好處，可以減少疾病，延緩身體的老化，這些都早經證實。然而近年來有越來越多的科學證據顯示，運動改善的不僅僅是身體，還包括了心智功能。有運動習慣的老人，智能退化的速度明顯比沒有運動的老人來得慢；而給予一些原先沒有運動、已經開始出現早期失智的老人足夠的運動訓練之後，他們的心智能力可以獲得改善，甚至連已經萎縮的大腦皮質，也在運動之後產生「逆齡」的恢復現象。

對身體的鍛鍊之外，針對心智功能的刻意訓練，也被證實可以延緩甚至回復老人的智能退化。坊間盛傳，預防老年癡呆症要多打麻將，但若真想要達到療效，心智訓練的強度要比打麻將高許多才夠，麻將畢竟是「國技」，對許多老人來

即使是老年人的大腦，適當的訓練仍然
能夠延緩甚至反轉心智的退化。

說，打麻將已經太習以為常，不構成對智能的挑戰，這樣是沒有效果的。科學上已經證實能有效預防或治療失智的智能訓練很多，例如學樂器、學陌生的語言、學跳舞、玩難度高的電腦遊戲、進行有系統的智力訓練等等。總之，訓練的內容要對這個人現存的智能構成相當的門檻，具備一定的難度，讓人必須要付出足夠的努力來跨越門檻以達熟練，才是有用的訓練方法。

一直維持著積極的人際交流、朋友來往、談天說地、生活有火花有期待的老人，心智退化的速度明顯要比那些經常獨處、缺少交流與刺激的老人來得慢。當然，社交的活躍，往往也同時會伴隨運動量的增加，以及心智訓練的機會。

上面這些「護腦」的舉措雖然十分多樣化，但一言以蔽之，都是藉著維持對大腦的刺激與挑戰，不停激發它的自我塑造功能。有一種流傳了很久的說法，說「人類的大腦只使用了X分之一，還有很多潛能沒有發揮」，在科幻電影《露西》（*Lucy*）當中，女主角在使用了百分之百的大腦功能時，超凡入聖，連物理定律都不能限制她。其實像這種「X分之一」的說法並沒有任何科學證據，僅屬於樂觀的幻想。腦科學的證據告訴我們，大腦並不是與生俱來的超級電腦，潛力怎麼用都用不完。

大腦是活物，它的一生都在盡力重塑自己，以因應我們對它的要求。它的實力強或弱、進化或衰退並非先天註定，端看我們自己怎麼去塑造它。就如同偉大的聖地亞哥・拉蒙－卡哈爾在近百年前就說過的：

任何人只要願意，都可以成為他自己大腦的雕塑家。

讀後大推

（依姓名筆畫數排序）

吳逸如

——林口長庚紀念醫院神經內科部．副部主任／長庚大學醫學系神經科．臨床教授

很榮幸再度獲得神經內科最擅長說故事的福爾摩斯汪漢澄醫師邀稿寫序，上一本《醫療不思議》，汪哥將身體、疾病和醫學寫成了三大部故事，帶領著我們一享寓教於樂的知識饗宴。如今他的第二本巨作《大腦不思議——圖說腦科學發展的神奇時刻》，更是讓身為資深神經內科醫師的我愛不釋手。神經科學一直被認為高深莫測，讓醫學生怯步，相信讀完汪哥此書，透過圖文解說，定可漸漸打開大家腦的寶庫，更能接受本世紀的研究顯學。

此書循序漸進，從介紹腦內的各種細胞、神經傳導物質，探討腦內各部位的功能，緊接著敘述每個腦葉症狀的故事、兩側大腦被分離會發生什麼事、為何有來自外空人的手、情緒如何被掌控及為什麼會成癮，更將最近很夯的大腦重塑性

之來龍去脈透過故事告訴讀者。

本書十六個章節，篇篇引經據典，再配上生動活潑的插圖，其所花費的心力遠超過一份博士論文。我真心推薦所有對神經科學有興趣的讀者，一起來研讀這本結合人文、歷史及神經科學之演進的好書。大腦真的不思議，更期待下一本不思議的誕生。

吳瑞美

——臺大醫院神經部．主治醫師／臺灣大學醫學系神經科．教授

汪醫師以輕鬆詼諧的方式，帶領讀者進入腦的各個祕密區域，探究解剖學名詞所蘊藏的獨特認知功能；同時又由生動的醫學歷史故事，自然流瀉出重要的科學發明與疾病治療的突破。無形中讓讀者讚嘆人腦功能的精細與可塑性，是非常值得推薦的神經學科普書籍。

巫錫霖

——彰化基督教醫院神經醫學部・資深主任醫師

繼漢澄兄大作《醫療不思議》之後，讀者大眾又再一次幸運地閱讀到他的新作《大腦不思議》一書，此次備感榮幸仍可為文推薦此書。汪兄此書以史學手法闡述腦神經科學各項領域的概念，不僅細數從頭，理性地分析腦科學的脈絡；也對最新腦科學的知識作了深入淺出的說明，更為未來腦科學的發展及趨勢發出了訊號。作為讀者，深覺此書不僅適合一般讀者閱讀；身為神經科醫師，更覺得所有醫療人員都應該閱讀此書。

多年前與漢澄兄閒聊時，曾經提及一位我們都喜歡且尊敬的科普作家艾西莫夫（Isaac Asimov），此時我覺得汪兄就是醫學科普的艾西莫夫。美國作家馮內果（Kurt Vonnegut）曾經問艾西莫夫：「請問無所不知是什麼感覺？」艾西莫夫回答：「提心吊膽。」身為好友我也想問漢澄兄這個問題，但我不認為他會提心吊膽。我只希望漢澄兄能夠不斷寫下去，造福讀者，也為社會提升醫學科學知識及人文素養繼續貢獻。極力推薦此書！

林祖功

——高雄長庚紀念醫院神經內科部．教授級主治醫師／台灣動作障礙學會．理事長／臺灣粒線體醫學暨研究學會．理事長／台灣神經學學會．監事

在生活中，頭或腦占有著很重要的地位，例如：頭目、首腦，代表著群體中最重要的人物。腦部也一樣，是人體最重要的器官，所以長久以來腦研究或者是神經研究，一直是吸引科學家努力並且嘗試解碼的重要課題。

漢澄醫師是臺灣神經科學界裡有名的才子，可說是才高八斗、學富五車，平常臺灣神經醫學界學術活動中，他也是最著名的名嘴，從他的演講內容，永遠可以學習到非常多的東西。在這本《大腦不思議》書裡，經由他的妙筆生花，複雜難懂的神經科學瞬時變身成為淺顯易懂的科學知識。這本書結合了中外歷史典故，用非常簡易而流暢的文句，讓讀者很快就可以了解複雜而難懂的神經學歷史。例如：開篇便以詼諧的手法讓我們知道對古埃及人來說，大腦原來只是一坨軟軟沒有用的東西，就是明證。

拜讀完此書，讀者也可以更清楚明瞭常見的神經科疾病，例如：失智症、巴金森病、腦中風對病人造成的影響。連我這一個三十年經驗的神經科老兵，在讀

完書後也獲益良多。欣見有這麼一本適合普羅大眾閱讀的科普書籍，它同時也是適合一般醫師衛教病患的優良書籍，對我而言，更是視為神經科醫師必讀的教科書。

很感佩漢澄醫師的寫作功力，他是我在神經學界的老師及摯友，感謝他邀請我寫序，並衷心推薦這本值得大家去仔細咀嚼的好書。

林靜嫺

——臺大醫院神經部．主治醫師／臺灣大學醫學系神經科．臨床教授／臺大醫院臨床神經科暨行為醫學中心．主任

化繁為簡，妙語如珠，汪醫師將艱澀難懂的神經醫學，以平易近人的方式傳遞其核心且精妙之處，讓大眾可以一窺神經醫學的迷人與奧妙。有別於汪醫師上一本書以古希臘神話故事帶領大家了解各種神經疾病，本次，汪醫師挑戰難度更高的腦科學發展史，內容涵蓋神經解剖、神經生理、記憶、感情與夢境的形成，甚至兼及成癮回饋的機制，如此資訊量龐大，讓人望之卻步的內容，在汪醫師生花妙筆下，執簡馭繁，變成一篇篇動人的精彩故事，讓人拿得起卻放不下，沉浸在神經科學中不可自拔。

邱銘章

——臺大醫院神經部．主任／臺灣大學醫學系神經科．教授

汪醫師擅長說故事的本事早在《醫療不思議》一書中展露無遺，而這本《大腦不思議》可以說是前一本書的進階版。除了他一貫優異的史料整理與考據的能力外，本書在淵博的知識中更展現出優秀神經科醫師邏輯清晰、思考縝密的特色。還有一點令人讚嘆的是他描寫場景的能力，不管是潘菲爾德的癲癇手術過程或者加扎尼加的裂腦實驗步驟，都相當細膩生動，讓人如蒞其境，頗有村上春樹的風格。閱讀此書充滿趣味之餘，更是享受在汪醫師的帶領之下，瞻仰各個時代的腦神經科學大師不疑處有疑的絕妙風采。

洪惠風

——新光醫院心臟內科．主治醫師

醫院在早上跟下午門診開始時，會播放韋瓦第（Antonio Vivaldi）《四季》中「春」的音樂，說要讓大家對時，但汪漢澄醫師看出音樂的本質，配了歌詞：「遲到就要

罰錢，遲到就要罰錢，要罰錢，要罰你的錢。」

自古以來，「心」是人體的中心，但在汪漢澄醫師生花妙筆下，帶著我們變了心，看到思想的本質，沉浸在大腦的世界中。

在醫師的心目中，神經科醫師都是知識淵博的「神」醫，但汪神醫在這個基礎上更進了一層，用這本書把神經科的知識堆疊上歷史的深度，讓人嘆為觀止。

栗光

——《聯合報》副刊．繽紛版主編

卸下編輯身分的休假日，我是一名潛水員，而初學潛水，為了延長一支氣瓶的使用時間，經驗老到的前輩總會叮嚀我們：「不要想東想西，大腦很耗氣。」說來有趣，盡可能不要讓它太過活躍的時刻，竟是我最會意識到自己擁有腦的時刻。

同樣讓我產生這種意識的，還有閱讀《大腦不思議》的時候。相較於前作《醫療不思議》讀來宛如在清澈海域浮潛，漢澄醫師的新作帶領讀者潛得更深，彷彿背上水肺裝備，一路下探至二十、三十米，在深藍中尋找發光的寶藏——我幾乎懷疑自己其實是同步經歷了文中潘菲爾德醫師的腦部手術，既嘗到頭骨被打開的滋味，又保持著清醒，在文字的通電探針下產生各種觸動。

大腦確實不思議，它讓一位作家喚醒我對人體與醫療的好奇和癡迷，也讓我讀著讀著就羨慕起他人的腦，尤其是娓娓道出這些歷史、把它們敘述得如此迷人的那個腦。

張尚文

——新光醫院精神科．主治醫師

繼《醫療不思議》後，漢澄兄再接再厲，又完成了這本更專業、更精到的《大腦不思議》。讀之不只不思議，簡直是腦洞大開，令人嘆服。

說《大腦不思議》更為專業精到，是因為本書所涵蓋範圍，正是漢澄兄最當行本色的腦神經科學。而百多年來，尤其近三十年腦神經心智科學突飛猛進的發展，都在書中藉由一個個諾貝爾獎級的研究一一展現。

以精神科最重要的疾病思覺失調症、躁鬱症、憂鬱症來看，其病因、治療理論，就和底下腦科學的研究習習相關：一是一九〇六年諾貝爾獎得主卡哈爾的神經元理論（見第二篇〈腦細胞的頂尖對決〉），二是一九三六得主戴爾的神經物質傳導理論（見第三篇〈火花、湯與夢〉），三是二〇〇〇年得主卡爾森的神經傳導物質多巴胺的發現（亦見第三篇）。現代生物精神醫學，亦藉由這幾位腦科學大師的研究與發現，建構出上述的精神疾病，都是源於腦中多巴胺、血清素、腎上腺素……等神經傳導物質作用失衡所致。治療的路徑，也即在於補充或調理腦中失衡的神經傳導物質。

不僅精神病症，這一套腦中神經傳導物質的理論，也正運用在神經科的巴金森病、阿茲海默失智症上，對其病因、治療、藥物研發，都扮演著關鍵的角色。

《大腦不思議》重點不在於分析解說個別神經精神疾病，而在於通貫總覽整體腦科學。所以除了一般耳熟能詳的感覺、運動分區的大腦地圖外，漢澄兄以大腦的記憶功能運作，來闡明人如何定義自我；以視覺的認知，來說明看見與看懂的差別；以附身的手的案例，來顯示人對自己肢體的「擁有感」，並非那麼理所當然，在在是大師的眼界與手筆。其餘對感情、對成癮、對創意等等似乎很抽象空泛的議題，《大腦不思議》也都引用最新的腦科學實證研究，予以詳盡而深入淺出的科學解釋。可以說百年來腦科學的知識寶藏，盡在其中矣。

許維志

——新光醫院神經科．主治醫師

如果把醫學比擬為音樂，那麼神經醫學就有如古典音樂般，深邃而迷人。有幸在三十年前進入汪老夫子門下，接受薰陶；爾後成為同事，長年耳濡目染。當讀者翻完本書最後一頁，就能理解人生中有這樣學識淵博、見多識廣的老師和同事，是何等幸福的事。

郭鐘金

——臺灣大學醫學院生理學研究所．特聘教授

這是一本結合神經科學知識與神經科學歷史的書。這個重要的結合，可以讓讀者不只了解目前我們對於神經系統功能運轉的看法，更可以體會到這些看法是經歷過如何曲折的過程，才遞嬗至今日之樣貌。從而使讀者悠游於神經科學的長河之中，甚至被激發出對於明日之重要發想。不過這種重要的結合，要在這樣一本不算大篇幅的書中做到，其實有著相當的難度。汪漢澄醫師卻能憑著腦中對於

神經學的厚實底蘊，以及手上的生花妙筆，扎扎實實完成了這樣的結合。在書中，汪醫師更是嫻熟地使用各種舉例或比喻來說明。相信即使是平時不常涉獵神經科學的一般讀者，也會有滿滿的體會與收穫。

陳柔賢

——林口長庚紀念醫院神經內科部・資深主治醫師

娓娓道來、如數家珍！汪漢澄醫師繼《醫療不思議》之後，再一次產出讓所有讀者如沐春風，很想一次讀完的好書。汪醫師真是才高八斗，以四兩撥千斤的輕鬆方式，將神經科學幾百年來的發展細說從頭。你不會覺得有任何窒礙艱澀，在愉快的閱讀之間，許多神經科學的有趣知識，就平穩地被熨進了你的記憶，是非常值得擁有的好書！

黃明燦

——為恭紀念醫院神經外科・主治醫師

這是一部記事本末體的神經科學史，簡潔卻賅博，極好地體現歷史上哲思與科學交會時激發出的燦爛輝煌。作者扎實的專業、博雅的卓識，透過流麗的文筆，貫通全書，令人油然生起科學理性的崇高感，啟迪讀者對知識的無盡嚮往。

劉子洋

——新光醫院神經科・主治醫師／新光醫院失智症中心・主任

熟悉汪醫師的人或許都會有同感，哪怕只是片刻閒聊，總是讓人如沐春風。這與他學貫中西、博古通今的特質絕對有關。上至聖經佛經四書五經，下至DC Marvel韓劇美劇，全都難不倒他！

《大腦不思議》帶領我們穿梭古今中外腦科學五千年，遠從古埃及、希臘、聖經、納粹二戰……，橫跨記憶力、語言、視聽覺、大腦地圖、情緒腦、甚至創意腦等，細說每個腦科學重大發現的背後，電光石火間的驚奇時刻，或耐人尋味、曲折離奇的歷史大翻案，總讓人拍案叫絕，欲罷不能！其資料考實嚴謹，又不失幽默風趣、饒富趣味的獨特風格，可謂文如其人。

誠摯推薦給對科學及歷史有興趣的廣大讀者。對所有腦科學工作者而言，本書更是一部非讀不可、絕無僅有的腦神經科學史寶典！

蔣漢琳

——臺北榮民總醫院神經醫學中心一般神經科．主治醫師

當我還是醫學系學生的時候，神經醫學、神經解剖學對我和同學來說，都是屬於「神」一樣的學問，覺得選擇去當神經科醫師的人都是自找苦吃，畢竟神經科醫師為了要掌握異常複雜的神經系統，需要下非常多的工夫。後來，自己不小心就成為了神經科醫師，主要原因應該也跟其他神經科醫師一樣，就是被神經學的神奇奧妙及有趣吸引了。藉由了解神經系統的運作，可以讓神經科醫師在診斷病人的時候跟「神」一樣，摸摸敲敲打打，跟病人比比力氣，掐指一算就可以推測病人的問題位於神經系統的哪個部位，而經過影像等相關檢查之後，證實所推

測的位置正確的那種成就感，往往是每個神經科醫師最得意最滿足的時刻。

神經系統包括大腦、脊髓以及遍布全身的周邊神經。其中，最複雜的部位莫過於大腦，也是我們在準備神經專科醫師考試的時候，覺得最困難但卻最有趣的學問。為什麼病人在額葉長了大腫瘤會好像變了一個人，對周遭一切事物漠不關心？為什麼有人中風後會不認得熟人的臉，用聽的卻聽得出來是誰？為什麼有人發生腦區域萎縮或是受傷後，會不認得自己的手？又為什麼病人中風後，我們去查房都一直鼓勵病人要復健，腦神經不是不能再生嗎？為什麼積極復健的病人手腳力氣會進步？

在住院醫師時期，我就超級喜歡聽汪醫師演講，每次不管是什麼困難的主題（包括可怕的神經生理解剖），汪醫師都能在臺前輕鬆自在、幽默風趣地把困難的神經醫學轉化成有條理、容易理解且有趣的內容，讓在臺下的我們如沐春風，不知不覺露出會意的微笑。在升為主治醫師後，我開始參加國外學術研討會。在開會之餘，有時會去參觀各地美術館或是博物館，而如果恰巧有汪醫師同行，就可以聽到很多藝術品或畫作背後有趣的故事，往往聽得大家是興味盎然，欲罷不能。汪醫師的博學多聞與追根究柢探索學問的精神一直是我所欽佩的。而在這本《大腦不思議》，汪醫師再度展現深厚的功力，在輕鬆幽默的筆觸之下，帶著讀者回到過去，看科學家們如何努力（或不小心）發現我們大腦各個部位神奇功能，看大腦如何調控我們的七情六欲，甚至欺騙我們，讓我們看到或聽到不存在的幻影或聲音。我相信，不管您是一般民眾、醫學生、實習醫師、住院醫師或是主治醫師，在看完汪醫師這本書後，不但對神祕且深奧的神經科學能有進一步的認識，且能大幅提升對神經科學的興趣。

——林口長庚紀念醫院神經內科部．部主任兼教授級主治醫師
／台灣神經免疫醫學會．理事長

羅榮昇

汪漢澄醫師是臺北新光醫院神經科醫師，也是臺灣大學醫學院兼任副教授及台灣動作障礙學會前任理事長。和他共識多年，對於他的神經科學知識及神經科學史研究深感敬佩，他也是臺灣臨床神經科之名嘴，聽聞他將出書嘉惠國內臨床、基礎神經科學及鑽研神經科學進化史之學者，很榮幸受邀為其新書推薦。

本書充滿了對神經科學創意來源之剖析，抽絲剝繭讓讀者能夠清楚了解大腦

科學進展的前因後果，深入淺出為普羅大眾或神經科學專業人員釋疑解惑。

本書最大特色，是內容充滿創意，其創意來自「原創」：充滿新奇及特殊之說法。及「有用」：確實能有效解決神經科學及臨床神經疾病之問題。法國著名哲學家、數學家與物理學家勒內·笛卡爾留下過一句名言：「我思故我在。」由患者身上之病痛，間接證明疼痛這種感覺真正的發生位置應該在腦而不在手。西方一直到了文藝復興以後，人們才慢慢知道人的智能表現來自於大腦，並且從十八世紀開始，大腦中哪些構造掌管哪種智能、用什麼方式來掌管，就已經是腦科學探索的重點。本書根據東、西方腦科學之進展，娓娓道來。

本書最大之優勢，是以淺顯易懂之字句敘述左右大腦及其各個部位之功能，並附帶科學研究證據，隨著閱讀時間推移，讓讀者在短時間能豁然開朗。相信本書對神經科學有興趣之讀者有振聾發聵之啟示。

神經科學是當代顯學，了解腦的功能無論是對於臨床神經科醫師或基礎神經科學家，皆為重要研究之基石。本書內容精簡、文字洗鍊，提供許多寶貴的最新現代神經科學資訊及研究方法，不只為科學讀物，更為文學之創作，值得學者、專家及一般人仔細閱讀，收穫必定良多。

大腦不思議

圖說腦科學發展的神奇時刻

書系——知無涯09

我們是用大腦來看，而不是用眼睛。

作　　者　汪漢澄
繪　　者　宋明憲
圖片來源　宋明憲、wikipedia／公有領域
特約編輯　小敏
特約校對　蔡忠穎
美術設計　賴佳韋工作室
版面編排　黃秋玲
總 編 輯　顏少鵬
發 行 人　顧瑞雲
出 版 者　方寸文創事業有限公司
地址：臺北市106大安區忠孝東路四段221號10樓
傳真：（02）8771-0677
客服信箱：ifangcun@gmail.com
出版訊息：方寸之間 ifangcun.blogspot.tw
精彩試閱：方寸文創 medium.com/@ifangcun
FB粉絲團：方寸之間 www.facebook.com/ifangcun
限量品商店：方寸文創（蝦皮）shopee.tw/fangcun
法律顧問　郭亮鈞律師
印務協力　蔡慧華
印 刷 廠　勁達印刷有限公司
總 經 銷　時報文化出版企業股份有限公司
地址：桃園市333龜山區萬壽路二段351號
電話：（02）2306-6842
I S B N　978-986-06907-0-5
初版一刷　2022年12月
定　　價　新臺幣 380 元

國家圖書館出版品預行編目（CIP）資料

大腦不思議——圖說腦科學發展的神奇時刻／汪漢澄著、宋明憲繪｜初版｜
臺北市：方寸文創，2022.12｜324面｜21X14公分（知無涯系列：9）
ISBN 978-986-06907-0-5（平裝）

1. 腦部 2. 科學

394.911　　111006603

方寸文創